科學少年學習誌

編著／科學少年編輯部

科學閱讀素養

生物篇 **6**

《科學閱讀素養生物篇：夏日激戰登革熱》
新編增訂版

遠流

科學閱讀素養 生物篇6　目錄

課程連結表

文章主題	文章特色	搭配108課綱（第四學習階段 —— 國中）	
		學習主題	學習內容
用光說悄悄話——螢火蟲	介紹不同種類螢火蟲的生活史與習性，以及臺灣的螢火蟲分布和賞螢相關知識。	演化與延續（G）：生物多樣性（Gc）	Gc-IV-2地球上有形形色色的生物，在生態系中擔任不同的角色，發揮不同的功能，有助於維持生態系的穩定。
		生物與環境（L）：生物與環境的交互作用（Lb）	Lb-IV-2人類活動會改變環境，也可能影響其他生物的生存。 Lb-IV-3人類可採取行動來維持生物的生存環境，使生物能在自然環境中生長、繁殖、交互作用，以維持生態平衡。
		科學、科技、社會及人文（M）：科學、技術及社會的互動關係（Ma）；環境汙染與防治（Me）	Ma-IV-2保育工作不是只有科學家能夠處理，所有的公民都有權利及義務，共同研究、監控及維護生物多樣性。 Me-IV-1環境汙染物對生物生長的影響及應用。
要求正名！——我們不是恐龍	介紹了恐龍的演化支序圖，透過演化來重新定義恐龍大家族，以及介紹過去常誤以為是恐龍的生物相關知識。	演化與延續（G）：演化（Gb）	Gb-IV-1從地層中發現的化石，可以知道地球上曾經存在許多的生物，但有些生物已經消失了，例如：三葉蟲、恐龍等。
		地球的歷史（H）：地層與化石（Hb）	Hb-IV-1研究岩層岩性與化石可幫助了解地球的歷史。
食物釀起來——發酵	說明了發酵的定義，並介紹日常飲食中所充斥的各種發酵食物、所運用的微生物種類，以及發酵食物的好處。	能量的形式、轉換及流動（B）：生物體內的能量與代謝（Bc）	Bc-IV-1生物經由酵素的催化進行新陳代謝，並以實驗活動探討影響酵素作用速率的因素。 Bc-IV-2細胞進行養分進行呼吸作用釋放能量，供生物生存所需。
		演化與延續（G）：生物多樣性（Gc）	Gc-IV-3人的體表和體內有許多微生物，有些微生物對人體有利，有些則有害。 Gc-IV-4人類文明發展中有許多利用微生物的例子，例如：早期的釀酒、近期的基因轉殖等。
「鹿」死誰手？	臺灣許多地名皆有「鹿」字。藉由臺灣史上曾經蓬勃發展的鹿皮外銷，及類似物種旅鴿、黑鮪魚等，介紹保育野生動物的重要。	生物與環境（L）：生物與環境的交互作用（Lb）	Lb-IV-2人類活動會改變環境，也可能影響其他生物的生存。 Lb-IV-3人類可採取行動來維持生物的生存環境，使生物能在自然環境中生長、繁殖、交互作用，以維持生態平衡。
		科學、科技、社會及人文（M）：科學、技術及社會的互動關係（Ma）	Ma-IV-2保育工作不是只有科學家能夠處理，所有的公民都有權利及義務，共同研究、監控及維護生 物多樣性。
海裡的魔術師——章魚	介紹了宛如地球上外星生物的章魚，從分類、外形，到內部的生理機制、外顯的行為與各種求生本領。	演化與延續（G）：生物多樣性（Gc）	Gc-IV-1依據生物形態與構造的特徵，可以將生物分類。 Gc-IV-2地球上有形形色色的生物，在生態系中擔任不同的角色，發揮不同的功能，有助於維持生態系的穩定。
		生物與環境（L）：生物與環境的交互作用（Lb）	Lb-IV-2人類活動會改變環境，也可能影響其他生物的生存。 Lb-IV-3人類可採取行動來維持生物的生存環境，使生物能在自然環境中生長、繁殖、交互作用，以維持生態平衡。
食物別「碳」氣	除了節約用水與省電，在生活中留意碳足跡，也能為環境盡一份心力。本文介紹了食物里程與碳足跡的定義，並破解一些相關議題的迷思。	能量的形式、轉換及流動（B）：生態系中能量的流動與轉換（Bd）	Bd-IV-2在生態系中，碳元素會出現在不同的物質中(例如：二氧化碳、葡萄糖)，在生物與無生物間循環使用。
		生物與環境（L）：生物與環境的交互作用（Lb）	Lb-IV-2人類活動會改變環境，也可能影響其他生物的生存。 Lb-IV-3人類可採取行動來維持生物的生存環境，使生物能在自然環境中生長、繁殖、交互作用，以維持生態平衡。
啪啪啪！夏日「揍」鳴曲——蚊子	介紹了蚊子的結構、習性、生活史等，及臺灣常見蚊子種類，以及有關對抗蚊子叮咬的知識。	生物體的構造與功能（D）：生物體內的恆定性與調節（Dc）	Dc-IV-5生物體能覺察外界環境變化、採取適當的反應以使體內環境維持恆定，這些現象常能以觀察或改變自變項的方式來探討。
		演化與延續（G）：生殖與遺傳（Ga）	Ga-IV-1生物的生殖可分為有性生殖與無性生殖，有性生殖產生的子代其性狀和親代差異較大。 Ga-IV-5生物技術的進步，有助於解決農業、食品、能源、醫藥，以及環境相關的問題，但也可能帶來新問題。

如何閱讀本書?

每一本《科學少年學習誌》的內容都含括兩大部分,一是選自《科學少年》雜誌的篇章,專為 9～14 歲讀者寫作,也很合適一般大眾閱讀,是自主學習的優良入門書;二是邀請第一線自然科教師設計的「學習單」,讓篇章內容與課程學習連結,並附上符合 108 課綱出題精神的測驗,引導學生進行思考,也方便教師授課使用。

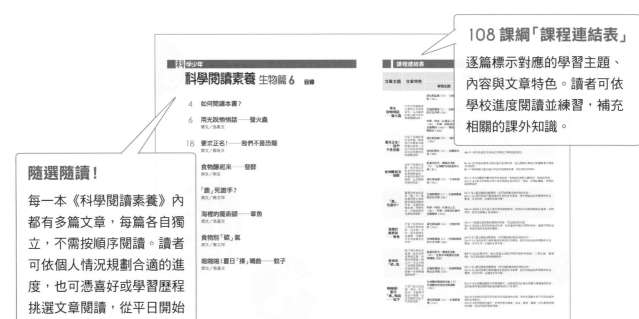

108 課綱「課程連結表」

逐篇標示對應的學習主題、內容與文章特色。讀者可依學校進度閱讀並練習,補充相關的課外知識。

隨選隨讀!

每一本《科學閱讀素養》內都有多篇文章,每篇各自獨立,不需按順序閱讀。讀者可依個人情況規劃合適的進度,也可憑喜好或學習歷程挑選文章閱讀,從平日開始培養科學素養。

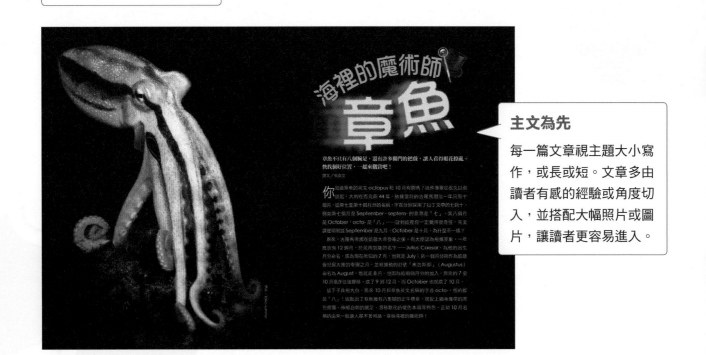

主文為先

每一篇文章視主題大小寫作,或長或短。文章多由讀者有感的經驗或角度切入,並搭配大幅照片或圖片,讓讀者更容易進入。

獨立文字塊

提供更深入的內容，形式不一，可進一步探索主題。

說明圖

較難或複雜的內容，會佐以插圖做進一步說明。

學習評量

每篇文章最後附上專屬學習單，作為閱讀理解的評估，並延伸讀者的思考與學習。

主題導覽

以短文重述文章內容精華，協助抓取學習重點。

挑戰閱讀王

符合 108 課綱出題精神的題組練習測驗。

關鍵字短文

讀懂文章後，從中挑選重要名詞並以短文串連，練習尋找重點與自主表達的能力。

延伸知識與延伸思考

文章內容的延伸與補充，開放式題目提供讀者進行相關概念及議題的思考與研究。

用 光 說 悄悄話
螢火蟲

在夜晚發出點點螢光的螢
火蟲們，究竟藏了什麼祕
密？讓我們一起來瞧瞧！

撰文／翁嘉文

繁星閃爍的夜空總是令人著迷不已，惹得偶像劇裡男女主角們不時想摘上幾顆，做為取悅對方的禮物；而那些不小心掉落在地表、眨巴眨巴個不停的小星星，不僅喚起長輩們的回憶，也引起年輕一輩的好奇心，撲朔迷離的神祕感，在男女老幼心中都

激起了漣漪。沒錯，這難以捉摸的小東西就是螢火蟲！

根據文獻記載，全球約有 2000 多種螢火蟲，分布於極地、紐西蘭以外各處，以熱帶地區種類最多，臺灣則約有 60 幾種。

在臺灣，螢火蟲曾是長輩們在鄉間路上的

攝影：林世忠

玩伴兒，現在基於環境教育、永續發展的意識抬頭，以及有心人士的努力復育，終於能繼續點亮小小的夢幻世界。雖然賞螢季大多在春末夏初之際舉辦，但事實上，臺灣一年四季都有不同種類的螢火蟲依序羽化，輪番演出。

除了春夏較常見的黑翅螢、擬紋螢、大端黑螢等；秋季在中低海拔山區也有山窗螢與橙螢，及多出現於水田邊、春秋兩季皆可觀賞到的黃緣螢；而神木螢、鋸角雪螢等高山螢則是冬天山林間的主角。如此多樣的生物資源，提供了豐富的賞螢享受。

螢火蟲的生活史

螢火蟲是屬於「完全變態」的昆蟲，一生必須經歷卵、幼蟲、蛹與成蟲四個階段。不同種類的螢火蟲，在這四個階段的生活型態也有所不同。依據螢火蟲幼蟲的生活環境，學者將牠們大致分為陸生型、水生型及半水生型三種。

● 卵

不同種類的螢火蟲卵期不同，也可能受季節和氣溫影響而有所差異，但一般約 1～4 週。若是以卵過冬的種類，則可能長達三個月以上。陸生型螢火蟲會將卵產在石縫或落葉下，半水生型或水生型則會產卵在水邊的濕地或青苔上，而這樣的產卵環境選擇，也意外的讓古人有了「腐草生螢」的誤會。

螢火蟲卵多呈圓形或橢圓形，顏色則為乳白色至橙黃色之間。孵化前，卵殼會變得透明，使暗黑色的幼蟲顏色透出，之後幼蟲愈來愈大，像吹氣球般將卵殼撐大、撐薄，最後用上顎把卵殼咬破，進入下一個階段。

● 幼蟲

對大部分螢火蟲來說，幼蟲期是最長、也是最積極主動汲取營養的階段。大部分的幼蟲期為一年，甚至更久；但臺灣窗螢和黃緣螢則只有四到五個月左右。

陸生型螢火蟲的種類最為豐富。白天幼蟲們會躲在落葉下或隱藏在石縫中，等到夜晚便現身於潮濕的植被底層，捕食蝸牛、蛞蝓，甚至蚯蚓等動物。

水生型螢火蟲的種類次之，但在臺灣只有黃緣螢、黃胸黑翅螢及條背螢三種。牠們的幼蟲生活在水中，捕食螺類、貝類或其他水中小動物，也為此特化出異於常「螢」的呼吸器官，例如黃緣螢與黃胸黑翅螢的幼蟲就

陸生型螢火蟲 終其一生都生活在陸地。

交尾　產卵　孵化　幼蟲　羽化　化蛹

演化出八對「氣管鰓」，分布在腹部兩側，像是戴了浮潛用的呼吸管，讓牠們不需游出水面就可以直接做氣體交換；條背螢的幼蟲則麻煩了些，每隔一段時間就必須回到水面上，利用腹部的氣孔來換氣。

半水生型螢火蟲的種類很稀少，目前在臺灣只發現鹿野氏黑脈螢一種。牠的幼蟲白天會躲在山澗旁的岩縫中，晚上才潛入水中捕食螺類或貝類，因為牠沒有像氣管鰓的構造，即使能利用腹部左右凹陷處挾帶些許空氣，延長在水面下停留的時間，但還是需要透過氣孔呼吸，所以會將捕捉到的食物帶回岸上再慢慢享用。

這些螢火蟲的幼蟲都是技巧高明又優雅的獵食者！牠們在發現獵物後，會先用顎部對獵物發動攻擊，注射毒液麻痺獵物，再分泌消化液將獵物分解成肉糜狀，然後優雅的享用肉汁，還不忘留下個空殼做獎盃呢！

● 蛹

進入蛹期前，水生螢火蟲幼蟲會有「上陸行為」，也就是從水中爬上陸地，然後挑選保水良好的地區，像是樹根或石頭下，建築屬於自己的「蛹室」，之後在蛹室內化蛹。有些陸生螢火蟲幼蟲在化蛹前會停止進食，躲到石縫、樹洞等較隱密的地方蛻皮，然後直接以「裸蛹」的方式化蛹。還有些陸生螢火蟲會當起建築師，蓋一棟通風的「土繭」，在裡頭安心化蛹。一般的蛹期約為一星期到一個月，之後成蟲便羽化而出。

● 成蟲

螢火蟲並不是終其一生都是肉食主義者。到了成蟲期，大部分螢火蟲的口器都已經退化，所以不再捕食獵物，主要是依靠吸食露水或花蜜來保持體內水分，支持牠完成傳宗接代的重要使命。

水生型螢火蟲 幼蟲階段生活在水中，化蛹前才爬上陸地。

交尾

羽化

產卵

化蛹

上陸

孵化

幼蟲

繪圖：李吳宏

閃閃螢光傳情意

延續後代這件事，可不是三言兩語的我愛你、你愛我就能達到目的。螢火蟲利用光訊號編織出一首首情詩的甜蜜交流，吸引同伴及參與賞螢的各位，成為牠們「放閃光」的對象。但做為訊息傳遞的方式之一，螢火蟲的光訊號另有把妹以外的功能，像是警示、溝通與誘捕等；且這發光的能力並不需要年齡加持，在蟲卵階段就已經具備。

螢火蟲卵在快孵化前三天便會發出螢光，這是因為在卵期後期，卵殼變得透明，蟲體及發光器也幾乎完成發育，當受到外界刺激時，可透過卵殼看到牠們發出微弱的螢光，警告周遭生物！

目前已知的螢火蟲幼蟲都會發出螢光，通常在夜間活動時發光，但是受到刺激時，牠們發出的螢光強度，即使在白天也能看得十分清楚，達到警示敵人、保護自己的作用！一同樣的，大部分螢火蟲在蛹期階段也都會發光，發光器的位置與成蟲相似，位在腹部末端。雖然一般情況下蛹不會移動，但是受到刺激後，有的蛹會擺動腹部，甚至爬行，並透過螢光警告對方，光的強度也變得比幼蟲期更強。

不過，成蟲階段的螢火蟲就讓人跌破眼鏡了，因為並不是所有螢火蟲成蟲都會發光。目前已知的螢火蟲中，約有 1/4 ～ 1/3 的種類屬於日行性螢火蟲，牠們有的只能發出微弱螢光，或根本不會發光，必須依靠視覺、氣味及費洛蒙來找尋伴侶。而夜行性螢火蟲中，有的是仰賴雌蟲發光，吸引不發光或只能發出微弱螢光的雄蟲前來交配；有的則是雌蟲和雄蟲都會發出持續光或斷續光；有的是雌蟲和雄蟲接續發出閃爍光，你一言我一語的打情罵俏。

特別的是，有些發閃爍光的螢火蟲演化出了「齊爍行為」——當數十隻、甚至上千隻螢火蟲聚集在一起時，會一同發出閃光，或是依次發出閃光。科學家們認為，「齊爍」可能是由族群裡較占優勢的雄蟲主導的行

▼有些螢火蟲發出的光是閃爍或斷續的，不同種類的螢火蟲有不同的閃爍頻率。

為，牠們會發出比平常更快的閃爍頻率，讓其他雄蟲跟上自己的節拍與節奏，而跟不上的，可能就會被看在眼裡的雌蟲淘汰了。

除了求偶外，螢火蟲發出的螢光，也像是在告訴獵食者「我在這裡！」牠們這樣做難道不怕被吃掉嗎？其實許多螢火蟲體內具有毒性或辛辣的化學成分，獵食者根本避之唯恐不及，螢光反倒成了類似箭毒蛙鮮豔體色那般的警示標記。因此有些雌蟲在產卵時也會發出螢光，有些螢火蟲族群甚至會聚在一起發光，嚇阻獵食者。

另外，雖說大部分成蟲已改喝露水度日，但美國南部仍有一種螢火蟲的雌蟲對肉味難以忘懷，牠們會模仿其他種類雌蟲的發光頻率，引誘雄蟲接近，再加以捕食。這完美的攻擊性擬態，著實令人讚嘆！

繪圖：李昊宏

發光祕訣大公開

雖然外部型態各有不同，但大體上螢火蟲位於腹板末端的發光器，都是由發光細胞、反射層、氣管、神經及表皮組合而成。螢火蟲的發光細胞含有一種螢光酵素，產生的螢光物質能將能量有效的轉換成光，效率高達 95%，只會產生極少的熱，因此稱為冷光。以汽車大燈做比喻的話，真皮層下方的發光細胞好比是車燈燈泡，為發光的關鍵區域；後方的反射層就如同車燈內緣鍍上反射物質的反射面，能將光源集中、增強亮度；發光器的透明表皮則像是車燈外層的玻璃燈罩，可以讓光線自由穿透。

但再透明的表皮，難免還是會阻擋光線，因此某些螢火蟲的外殼上，發展出鋸齒狀排列的獨特鱗片，可減少光線受阻，使閃光強度增加，讓螢火蟲看起來更加耀眼。這項發現被運用於 LED 燈具的改進上，使 LED 燈的效能提升 50% 以上，減少能源消耗。師法自然是多麼有效且令人驚奇的事！

反射層　發光細胞　表皮

表皮表面放大後呈鱗片狀排列

▶有些螢火蟲則是持續發光，形成像流星般的拖曳光軌。

螢光點點接力賽

了解了發光祕訣,當然不能忘記親自去看看螢火蟲的悄悄話!在生氣蓬勃的春季,有屬於保育類的黃胸黑翅螢,頭部稍稍隱藏在淡黃色前胸背板下的牠,主要分布於臺灣北部,中部次之,南部最少。黑翅螢和黃胸黑翅螢長得十分相似,但前胸背板由淡黃色換成了橙黃色,牠們也在春季活動。還有硬是在前胸背板中央加上黑斑紋的擬紋螢,以及較為常見的大端黑螢——牠們全身除了發光器外,皆為橙黃色。近年來人工復育成功、前翅周圍鑲上金邊、長相華麗的黃緣螢,也是春季的一員。

炎熱夏季則有端黑螢,牠們在臺東縣、恆春一帶活動(在臺東多為 1～2 月羽化,在西部則為 6～8 月),外型與大端黑螢相似,但在前翅末端及發光器前一體節加上黑色妝點。同樣在前翅末端、發光器前一至三體節兩側鑲上黑色塊的邊褐端黑螢也在夏季出沒,還有時常現身於臺灣平原間,在金門、澎湖、小琉球一帶也能見到的臺灣窗螢——牠們橙色的半圓形前胸背板幾乎要遮住整個頭部,非常亮眼。

除了春季就已登場的黃緣螢外,秋季還有「蟲」如其名的橙螢,裹著鮮豔橘黃色,像是為秋末即將成熟的柳橙打廣告一般,在全臺灣出沒。體型較臺灣窗螢大些的山窗螢,以及觸角如羽毛般優雅的雙色垂鬚螢,則負責了中低海拔山區的賞螢宣傳。較低海拔的河口及濕地周邊,就交給與端黑螢相似的條背螢!

來到一年之末,仍有不少生物為了繁衍後

圖片來源:方華德(黃緣螢)、林義祥(其他螢火蟲)

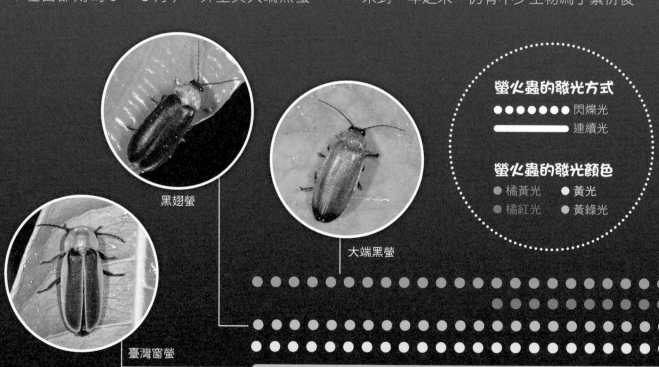

黑翅螢

大端黑螢

臺灣窗螢

螢火蟲的發光方式
●●●●●●●● 閃爍光
▬▬▬▬▬▬ 連續光

螢火蟲的發光顏色
● 橘黃光　　● 黃光
● 橘紅光　　● 黃綠光

月份	1	2	3	4	5	6

代而努力。鋸角雪螢與雪螢在中南部
山區活動；同樣屬於高山螢的神木螢
也在寒冷的冬季羽化；還有可產下巨
無霸螢火蟲卵的雲南扁螢，同樣在這
個時節羽化成蟲。

　　不同種類的螢火蟲活動時間不同，
且有各自的螢光顏色和發光方式。以
下列出幾種常見的螢火蟲和賞螢地
點，提供給想參與螢光盛會的各位，
但記得請先熟讀賞螢須知喔！ 科

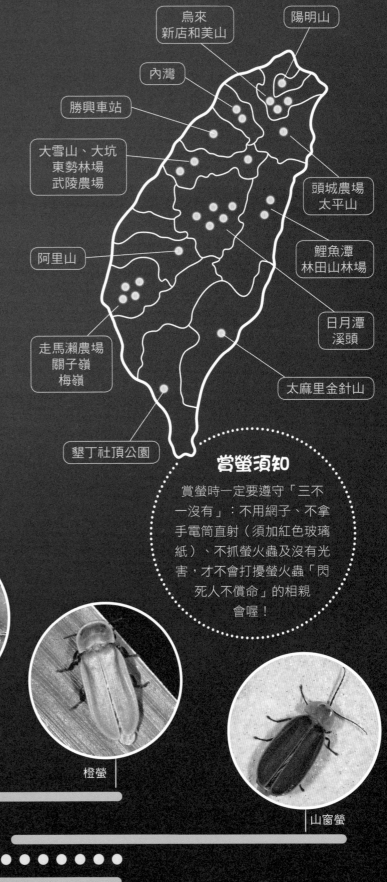

烏來
新店和美山

陽明山

內灣

勝興車站

大雪山、大坑
東勢林場
武陵農場

頭城農場
太平山

阿里山

鯉魚潭
林田山林場

日月潭
溪頭

走馬瀨農場
關子嶺
梅嶺

太麻里金針山

墾丁社頂公園

賞螢須知

賞螢時一定要遵守「三不
一沒有」：不用網子、不拿
手電筒直射（須加紅色玻璃
紙）、不抓螢火蟲及沒有光
害，才不會打擾螢火蟲「閃
死人不償命」的相親
會喔！

作 者 簡 介

翁嘉文 畢業於臺大動物學研究所，並擔
任網路科普社團插畫家。喜歡動物，喜
歡海；喜歡將知識簡單化，卻喜歡生物
的複雜；用心觀察世界的奧祕，朝科普
作家與畫家的目標前進。

繪圖：李吳宏

擬紋螢

黃緣螢

橙螢

山窗螢

7　　8　　9　　10　　11　　12

用光說悄悄話——螢火蟲

國中生物教師　江家豪

主題導覽

　　「火金姑」是許多長輩的童年回憶，但隨著棲地的開發與破壞，昔日常見的螢火蟲變得十分稀少，只在一些維護良好的野外環境才能看見，賞螢也被視為一年一度的觀光盛事。其實臺灣有 60 幾種螢火蟲分布，種類並不算少，而且許多人都不知道，臺灣一年四季都能看見不同種類的螢火蟲閃閃發光！這些人們眼中夢幻的小光點，其實是螢火蟲用來求偶、禦敵與溝通的重要信號，我們也將螢火蟲的發光機制，運用來改善日常生活中的照明設備！

　　〈用光說悄悄話——螢火蟲〉介紹了不同種類的螢火蟲生活史和相關知識。閱讀完文章後，你可以利用「挑戰閱讀王」來了解你對這一篇文章的理解程度；「延伸知識」中補充了生物發光、仿生學等的簡單介紹，可以幫助你更深入的理解本篇文章的內容。

關鍵字短文

　　〈用光說悄悄話——螢火蟲」〉文章中提到許多重要的字詞，試著列出幾個你認為最重要的關鍵字，並以一小段文字，將這些關鍵字全部串連起來。例如：

關鍵字：1. 螢火蟲　2. 生活史　3. 完全變態　4. 螢光　5. 賞螢

短文：螢火蟲原是臺灣常見的昆蟲，卻隨著環境破壞日漸稀少；而近年來因為保育觀念抬頭加上人為復育，賞螢再度成為大小朋友期待的年度盛事。螢火蟲的生活史屬於完全變態，一生會經歷卵、幼蟲、蛹及成蟲四個階段。即將孵化時，卵內的幼蟲就能夠發出螢光。螢火蟲的螢光主要是用來溝通、威嚇敵人以及成蟲求偶，在牠們的生命中具有十分重要的功能。然而在人類眼中，這些在夜裡閃爍的小光點，是極為美麗夢幻的景觀，也因此在臺灣各地都有一些賞螢活動。

關鍵字：1.＿＿＿＿＿　2.＿＿＿＿＿　3.＿＿＿＿＿　4.＿＿＿＿＿　5.＿＿＿＿＿

短文：＿＿

＿＿

挑戰閱讀王

閱讀完〈用光說悄悄話──螢火蟲〉後，請你一起來挑戰以下題組。

答對就能得到👍，奪得 10 個以上，閱讀王就是你！加油！

☆螢火蟲曾是臺灣常見的昆蟲，請根據文章內容回答下列問題：

（　）1. 下列何種動物與螢火蟲的分類最為接近？（答對可得到 1 個👍哦！）

①寄居蟹　②蟑螂　③螢光魚　④蝸牛

（　）2. 下列關於螢火蟲生活史的描述，何者正確？（答對可得到 1 個👍哦！）

①不會經歷蛹期　②幼蟲皆活在水中

③成蟲多以螺類為食　④行體內受精

（　）3. 臺灣螢火蟲的種類與分布，下列敘述何者正確？（答對可得到 1 個👍哦！）

①臺灣有 2000 多種螢火蟲　②只分布在海拔 1000 公尺以上的山區

③一年四季都有不同種的成蟲出沒　④只分布在北迴歸線以北的地區

☆依據螢火蟲的生活方式，其種類可概略分為三種：陸生型、水生型及半水生型，

請根據這三種不同類型的螢火蟲回答下列問題：

（　）4. 臺灣哪一類型的螢火蟲種類最多？（答對可得到 1 個👍哦！）

①陸生型　②水生型　③半水生型

（　）5. 下列何者不屬於水生型螢火蟲？（答對可得到 2 個👍哦！）

①黃緣螢　②黃胸黑翅螢　③黑翅螢　④條背螢

（　）6. 關於水生型螢火蟲幼蟲的描述，何者正確？（答對可得到 1 個👍哦！）

①多以藻類為食　②都需要浮出水面換氣

③幼蟲期約兩週　④會上陸地化蛹

☆螢光是螢火蟲獨特的訊息傳遞方式，請根據文章內容回答下列相關問題：

（　）7. 關於螢火蟲發出螢光的描述，何者正確？（答對可得到 1 個👍哦！）

①只有成蟲會發出螢光　②只有雄蟲會發出螢光

③蛹也會發出螢光　④所有成蟲都會發出螢光

（　　）8.下列關於螢光的描述，何者正確？（答對可得到 2 個👍哦！）

①是一種肉眼可見的光　②會產生大量的熱

③只有螢火蟲能產生螢光　④彩虹也是一種螢光

（　　）9.下列何者不是螢火蟲發出螢光的目的？（答對可得到 1 個👍哦！）

①求偶　②威嚇敵人　③攻擊獵物　④溝通

☆賞螢已漸漸成為臺灣觀光的年度盛事，根據文章所做的描述，回答下列與賞螢相關的問題：

（　　）10.關於賞螢地點與季節的描述，何者正確？（答對可得到 1 個👍哦！）

①離島沒有螢火蟲可賞　②一年四季都可賞螢

③冬天是最佳的賞螢時機　④靠海的地方沒有螢火蟲可賞

（　　）11.賞螢時出現下列何種行為並不恰當？（答對可得到 1 個👍哦！）

①手電筒加紅色玻璃紙　②穿長袖衣褲避免蚊蟲叮咬

③避免噴過多防蚊液　④徒手抓螢火蟲來拍特寫

延伸知識

1.**生物發光**：是生物體透過體內的酵素催化化學反應，將化學能轉化為光能而發光的現象。這樣的發光方式產熱極少，屬於一種冷光源。目前已知許多深海魚、螢火蟲及部分真菌等，都是能發光的生物。

2.**仿生學**：透過了解生物的結構與功能特性，加以模仿利用，以研發新的機械或技術。例如建築上常用的六角形結構，就是模仿蜜蜂蜂巢所設計。

3.**擬態**：指一個物種在演化過程中，逐漸獲得另一個成功物種所具有的特徵，進而混淆其他物種，用來躲避敵害或掠食。例如：沒有毒的白梅花蛇外形與有毒的雨傘節十分相似、蟻蛛外形與螞蟻十分相似，這些都是擬態的例子。

4.**變態**：是指昆蟲在生活史中不同階段形態改變的現象，而依據是否出現「蛹期」，又可分為完全變態與不完全變態，螢火蟲即是具有蛹期的完全變態昆蟲，而蟑螂是不具蛹期的不完全變態昆蟲。除此之外，有些古老昆蟲終其一生都沒有變態的現象，例如家中常見的衣魚就是無變態的種類。

延伸思考

1. 離你居住處最近的賞螢地點在哪裡？可以觀察到哪些種類的螢火蟲？

2. 查查看市面上出現的螢光斑馬魚，為什麼可以發出螢光呢？

3. 除了模仿螢火蟲的構造，運用來設計照明設備外，查查看，日常生活中還有什麼仿生的例子呢？

4. 文章附圖中，臺中、彰化與高雄都沒有標示出賞螢地點，這些地方是否有螢火蟲可賞呢？

5. 想一想我們可以做些什麼，來為保育螢火蟲貢獻一份心力？

6. 試著訪談家中長輩，了解他們對螢火蟲的印象是什麼？又有哪些俗諺或民謠中提到螢火蟲呢？

要求正名！ 我們不是恐龍

海中古老「龍族」的想像圖。

咦？這些活躍於中生代的大傢伙，不都是恐龍嗎？
到底有哪些「龍」被大家誤會這麼久？

撰文／鄭皓文

恐龍──Dinosaur，這個震古鑠今的名詞，自 19 世紀英國著名的古生物學家歐文（Richard Owen）首次使用以來，不僅在科學界掀起一波波的研究熱潮，在全世界更是吸引了無數大小朋友的目光。任何與恐龍相關的主題或商品，總是能引起相當程度的關注與買氣；而恐龍展也永遠是各地博物館不敗的展覽主題。但問題來了，到底什麼樣的生物才能叫做恐龍？我們以為的恐龍，又是不是真的恐龍呢？

「Dinosaur」原意是「恐怖或巨大的蜥蜴」，而「恐龍」則來自日文的「恐竜」。但牠們不是蜥蜴，而是一類具有許多獨特特徵的陸生爬行動物。請先想像一下你看過

的鱷或蜥蜴爬行的樣子，再比較一下恐龍影片中恐龍的行走姿態，會發現恐龍的四肢是近乎直立於身體下方，靠著前後擺動來「行走」；而鱷或蜥蜴等爬行類的四肢，則是往身體兩側延伸出去，所以身體是匍匐貼地「爬行」，是名符其實的「爬行動物」。換句話說，相對於鱷或蜥蜴，恐龍已經「站」起來了！

聰明的你應該可以進一步聯想到，恐龍可以「站」起來，一定牽涉到許多身體構造的演化改變，如大腿骨與骨盆連接的方式、膝關節的活動角度……等，這些改變其實就是恐龍異於其他動物的特徵。

但若要明確列出恐龍的專屬特徵，還是有點困難！原因在於有些特徵並不存在早期恐龍身上，有些卻又同時出現在某些爬行動物身上。所以下圖列出幾個較常用來初步辨識恐龍的特徵（藍色字）供大家參考。

牠們是恐龍嗎？

從演化的支序分類圖來看（右頁圖），就更容易釐清恐龍和其他爬行動物間的關係了。

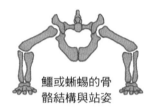

▼恐龍與爬行動物的四肢結構不同，行走方式也不一樣。

鱷或蜥蜴的骨骼結構與站姿

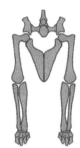

恐龍的骨骼結構與站姿

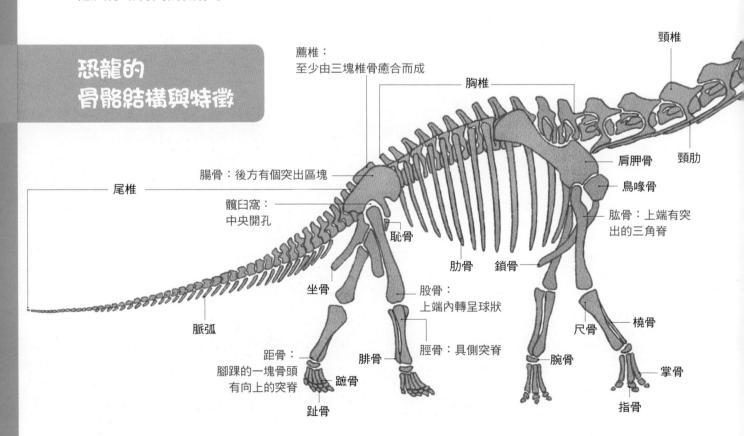

恐龍的 骨骼結構與特徵

薦椎：至少由三塊椎骨癒合而成

胸椎

頸椎

肩胛骨

頸肋

鳥喙骨

肱骨：上端有突出的三角脊

腸骨：後方有個突出區塊

髖臼窩：中央開孔

尾椎

恥骨

肋骨　鎖骨

坐骨

股骨：上端內轉呈球狀

橈骨

尺骨

脈弧

距骨：腳踝的一塊骨頭有向上的突脊

腓骨

脛骨：具側突脊

腕骨

掌骨

蹠骨

趾骨

指骨

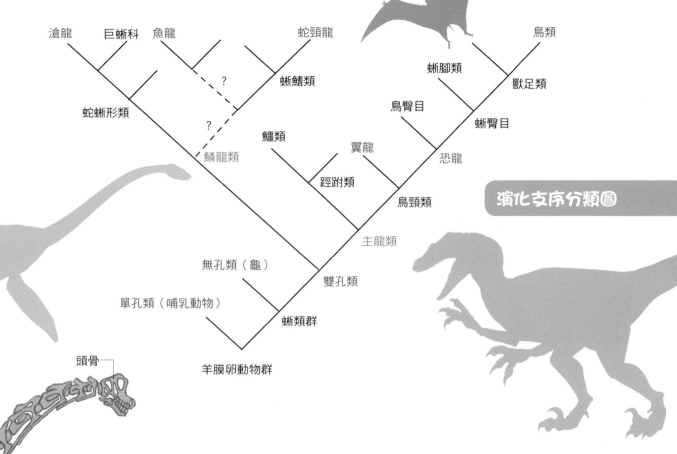

演化支序分類圖

滄龍　巨蜥科　魚龍　　　　　蛇頸龍　　　　　　　　　　　鳥類

蜥腳類

蜥鰭類　　　　　　　鳥臀目　　　獸足類

蛇蜥形類　　　　　　　　　　　　　　　　蜥臀目

　　　　？

鱷類　　　翼龍　　恐龍

鱗龍類　　　　　　？

　　　　　蹠跗類

　　　　　　　鳥頸類

　　　　　　主龍類

無孔類（龜）

　　　　　　雙孔類

單孔類（哺乳動物）

蜥類群

頭骨

羊膜卵動物群

在四億多年前，自從魚類中肉鰭魚的一個支系從胸鰭和腹鰭演化出前後肢，陸生的脊椎四足動物（簡稱四足類）就開始蓬勃演化。其中有些演化成羊膜卵動物群（卵外層有羊膜保護胚胎，可克服陸地的乾燥環境），科學家根據這些動物頭骨中眼眶後方的開孔形式，把牠們大致分為無孔類（如龜鱉）、單孔類（如哺乳類）和雙孔類（眼眶後方有上下兩個開孔）。而恐龍是從雙孔類的主龍類當中的鳥頸類演化而來。

隨著近年來在中國大陸發現許多帶有羽毛的恐龍化石，以及對中生代白堊紀許多古鳥類的研究，愈來愈多科學家認為鳥類可能就是起源自恐龍的其中一個演化分支。換句話說，恐龍並沒有絕種，只是以鳥類的形貌再現世間！

至於翼龍，和恐龍一樣源自主龍類中的鳥頸類，只是就此分道揚鑣，朝不同的方向演化，並不是恐龍，只能稱為「龍族」一員。只是和其他被誤以為恐龍的龍族相比，翼龍算是和恐龍親緣關係最近的一類。

另外常聽到的「龍族」還有魚龍、蛇頸龍和滄龍，又算哪個分支呢？牠們屬於雙孔類中的另一大家族——鱗龍類，現生的蛇、蜥蜴就是這一家族的成員。從支序分類圖來看，滄龍和現生的巨蜥親緣關係頗為接近！而魚龍和蛇頸龍雖然也屬於鱗龍類，但真正的起源仍是個謎，所以在支序分類圖上，科學家以問號來代表推測。不過至少可以確定的是，這三類「龍」和恐龍關係更遠了！

接下來，就來認識這些長期被大家誤解的龍族朋友吧！

繪圖：鄭景文・圖片來源：Shutterstock

空中霸主 翼龍

　　中生代的天空，無疑是翼龍的天下。翼龍與恐龍都是從主龍類演化而來，所以比起魚龍、蛇頸龍與滄龍，翼龍與恐龍的親緣關係較近。為了適應飛行，翼龍的骨骼中空以減輕重量，但也因此特別容易被壓碎，不易形成化石。飛行的翅膀則由前肢特別延長的第四指到後肢所附著的延伸皮膜所構成。這和蝙蝠翅膀是不是有點類似呢？差別在於蝙蝠前肢第一指以外的每個指節皆延長，用來共同撐起翼膜。一個是中生代的爬行類，一個是新生代的哺乳類，演化的親緣關係大不相同，卻因為都要適應空中飛行，而演化出非常類似的構造，這就稱為「趨同演化」！

　　除了翅膀，翼龍最顯著的特徵莫過於那大得有點誇張的頭部了。很多翼龍都具有或大或小的頭冠，功能可能和求偶或飛行時的穩定有關。有些翼龍口中有尖細的牙齒，有些種類則無齒，所以翼龍大概無法咀嚼，而是像鳥類一樣直接吞食獵物。至於尾部的長

短也因種類而異，不過大體而言，中生代早期的翼龍體型較小，後期則有張開雙翼超過10公尺的大型翼龍出現，如風神翼龍。

　　2004年，科學家在中國發現了內含翼龍胚胎的蛋，證明翼龍的生殖方式跟多數爬行動物一樣是卵生，科學家同時還發現，翼龍的蛋殼類似現生爬行類的革質蛋殼，與恐龍蛋的蛋殼明顯不同，只不過如果希望更進一步對翼龍的生殖方式有所了解，則有待更多的證據出現。

　　翼龍和恐龍、菊石的命運相似，並未在白堊紀末的大滅絕事件中存活下來。有科學家推測，翼龍的滅絕或許和鳥類的崛起有關，因為近年來在中國有許多白堊紀時期的鳥類化石出土，證明了白堊紀的天空並非由翼龍獨霸，鳥類興盛的演化可能曾經威脅到翼龍的生存。

　　中生代的空中有翼龍、陸上有恐龍，而海裡呢？

回顧整個生命演化的歷程，我們發現生命都會試著拓展生存的領域。在新生代，陸生的哺乳動物演化出會飛行的蝙蝠，也出現重新下海生活的鯨豚。而回到中生代，爬行動物中演化出會飛行的翼龍，也出現重新下水的魚龍、蛇頸龍和滄龍。比起新生代的鯨豚，這群祖先為陸生爬行動物的水中蛟龍，更加引人入勝。

魚龍原文的意思是「魚形的蜥蜴」，但他們並不是蜥蜴，而是一群起源不明的水生爬行動物大家族。最早的魚龍化石出現在中生代三疊紀的早期，一直到白堊紀的中晚期（9000萬年前）整個魚龍家族才完全滅絕。

魚龍的外型很像海豚，雖然兩者是不同時代、不同類型的生物，卻都為了適應相同的環境，而演化出類似的外形與構造，這也是「趨同演化」的絕佳範例！

魚龍最顯著的特徵就是前後肢演化成像槳般的鰭狀肢，而且裡面仍有許多圓形指骨。早期魚龍的尾椎並未向下延伸至尾鰭，而是藉尾椎上突出的神經脊形成單片狀似尾鰭的構造，靠著左右擺動來游泳推進。後來的魚龍則演化出向下彎曲延伸的尾椎，同時配合向上延伸的皮膜，構成垂直而分叉的新月狀尾鰭。而海豚的尾椎並沒有延伸至尾鰭，而是靠水平分叉的皮膜狀尾鰭上下擺動來提供推進的動力，這是海豚與魚龍在外型上最大的差異。

魚龍另一個特徵是牠的大眼睛，牠的頭骨化石上常可發現發達的骨質鞏膜環，不僅能讓魚龍的大眼承受強大的水壓，更可能藉此調節焦距，使牠擁有絕佳的視力，所以魚龍應該可以在深海或夜間獵食。

目前全世界已發現許多件魚龍腹中有小魚龍胚胎的化石，甚至還有小魚龍正從母魚龍腹中產出的珍奇標本，這證實了魚龍也像現在的鯨豚一樣，在水中胎生產子。

雖然魚龍擁有如此適應水中生活的構造與生殖策略，最後仍逃不過滅絕的命運。隨著白堊紀海中蛇頸龍持續繁衍，以及末期滄龍家族的突然興起，侏儸紀時海中最為興盛的魚龍家族，在白堊紀結束前就已完全消失在汪洋大海中！

重新下海
魚龍

聽過尼斯湖大水怪的傳說嗎？那浮出水面、頸部長而彎曲的水怪身影早已深植人心。不過怎麼愈看愈像「蛇頸龍」？當初傳聞的始作俑者，難道是以蛇頸龍做為水怪的藍本？

蛇頸龍是中生代海中的另一類水生爬行動物大家族，大致分為長頸、頭小的蛇頸龍類，以及短頸、頭相對較大的上龍類。共通特徵是前後兩對大而扁平的鰭狀肢，以及逐漸縮小的短尾巴。如此特立獨行的外型，難怪會成為水怪傳聞的最佳「人」選。

蛇頸龍的陸上祖先和魚龍一樣身分不明，但確定和恐龍的親緣關係甚遠。由於沒有像魚龍般強壯的尾鰭，蛇頸龍游泳的方式，或許是以四個鰭狀肢像划槳般划水前進，跟海龜很像。蛇頸龍的眼睛比魚龍的小很多，所以大多數的蛇頸龍可能在海域上層及日間活動。

蛇頸龍的化石骨架有很明顯且發達的腹肋。腹肋是胸骨下方延伸至腹部的骨質化肋狀構造，有肌肉附著，可以支撐腹部，或許還有助於抵抗強大的水壓。在一些保存完整的魚龍身上，也可見到類似的腹肋構造。

蛇頸龍的體型從幾公尺到十餘公尺都有，牠們是中生代海中的頂級掠食者。但從蛇頸龍的身體結構來看，卻不太可能像目擊照片中的尼斯湖水怪那樣現身，因為蛇頸龍和陸生的腕龍類不一樣，頸椎骨並沒有延伸的頸肋提供支撐，一旦缺乏海水的浮力，長蛇般的頸部長時間高高懸在水面之上，下場不是頭部缺氧而「昏倒」，就是頸椎骨折斷裂。

多數科學家認為，以蛇頸龍的身體構造來看，不太可能上岸產卵，因此可能像魚龍般在水中胎生產子。近年科學家在分析一具雌性蛇頸龍化石時，發現化石內帶有幼仔，證明了蛇頸龍的生殖方式。

蛇頸龍這個大家族自從三疊紀中期首度現身後，歷經侏儸紀的全盛時期，到了白堊紀末期，也隨著恐龍一併滅絕，徒留水怪的傳說，持續吸引世人的目光。

尼斯湖的 水怪？ 蛇頸龍

水中蛟龍
滄龍

在中生代白堊紀末期的海中，最可怕的掠食者可能非滄龍莫屬。此時魚龍家族已全數滅絕，蛇頸龍家族也已經沒落，滄龍在白堊紀末期「短短」的 2000 多萬年間，很快成為海中最興盛的水棲爬行動物。

相較於魚龍和蛇頸龍，滄龍的身體構造獨樹一格：狹長而流線的身軀，配上巨大的頭部與指間有蹼的鰭狀肢，像適應水中生活的巨大蜥蜴。實際上，滄龍的演化確實與現生的巨蜥（如科摩多巨蜥）有密切關係。滄龍源自雙孔類爬行動物的另一分支：鱗龍類中的蛇蜥形類，現生的蛇、蜥蜴都是這一大家族的成員。

滄龍巨大的頭部透露出驚人的獵食策略。原來滄龍的下巴很像現今的蟒蛇，具有絞鏈般可活動的關節，可一口吞下比自己身體直徑還粗的獵物。同時滄龍上顎靠近咽喉處還長有兩排利齒，被咬住的獵物幾乎不可能逃脫。當時海中的菊石、魚類等，可能都是滄龍獵食的對象，科學家甚至在少數滄龍的骨骼化石中，也發現了滄龍的咬痕。

滄龍的體型也像蛇頸龍一樣，從幾公尺到 17 公尺的巨無霸都有。從狹長的軀體和寬扁的長尾來判斷，滄龍游泳的方式比較像現生的海鰻或海蛇，是左右扭動身軀來前進。

滄龍應該無法上岸產卵，所以可能像魚龍一樣是在水中胎生產下後代。隨著近年來有幼體在母滄龍腹中的化石出土，這樣的推論已獲得證實。

6500 多萬年前，一顆隕石終結了爬行動物稱霸地球的中生代，也替滄龍蓬勃發展的命運畫上了休止符。滄龍滅絕的原因尚未解開，但顯然「龍族」已元氣大傷。鳥類和哺乳類趁勢興起，新生代的空中、陸地和水域，轉眼成為鳥類和哺乳類的天下！ 科

鄭皓文　臺中市東峰國中生物老師，熱愛古生物，蒐藏了近百件古生物化石，在生物課堂上讓學生賞玩，生動活潑的教學方式深受學生喜愛。

圖片來源：達志影像

要求正名！——我們不是恐龍

國中生物教師　江家豪

主題導覽

恐龍無疑是一種沒人親眼見過，卻人人都認識的動物，但多數人對恐龍的認識僅止於籠統的概念，那些看起來像古生物、體型巨大的、名字裡有龍的生物，基本上都會被視為恐龍一族。然而根據科學的鑑定分類，在演化上確實有一個被稱為「恐龍」的分支，且定義明確，許多曾經被我們稱為「龍」的古生物，其實並不屬於恐龍這個分類群。

〈要求正名！——我們不是恐龍〉說明了恐龍是什麼，有什麼特色，以及有關恐龍的演化支序圖和相關知識，並清楚介紹了幾種主要的「非恐龍」龍族。閱讀完文章後，可以利用「挑戰閱讀王」了解自己對文章的理解程度；「延伸知識」中補充了演化樹、趨同演化與羊膜卵等概念的簡單介紹，可以幫助你更深入的探索演化相關知識。

關鍵字短文

〈要求正名！——我們不是恐龍〉文章中提到許多重要的字詞，試著列出幾個你認為最重要的關鍵字，並以一小段文字，將這些關鍵字全部串連起來。例如：

關鍵字： 1. 恐龍　2. 演化支序分類圖　3. 羊膜卵動物群　4. 鳥類　5. 誤解

短文： 恐龍是眾所皆知的古生物，但根據科學考究所做出的演化支序分類圖中，羊膜卵動物群裡有一個演化分支就稱為恐龍。讓人出乎意料的是，在這個分類群中有一個分支演化為鳥類，代表著鳥類和恐龍在演化上具有更近的親緣關係；而那些電影中常出現的翼龍、滄龍、蛇頸龍等，過去經常被視為恐龍一族，在科學上反而是一種誤解，因為這幾種古生物在演化上早已和恐龍分道揚鑣。

關鍵字： 1.＿＿＿＿＿　2.＿＿＿＿＿　3.＿＿＿＿＿　4.＿＿＿＿＿　5.＿＿＿＿＿

短文： ＿＿＿＿＿＿＿＿＿＿＿＿＿＿＿＿＿＿＿＿＿＿＿＿＿＿＿＿＿＿＿＿＿＿＿

＿＿＿＿＿＿＿＿＿＿＿＿＿＿＿＿＿＿＿＿＿＿＿＿＿＿＿＿＿＿＿＿＿＿＿＿＿＿＿

＿＿＿＿＿＿＿＿＿＿＿＿＿＿＿＿＿＿＿＿＿＿＿＿＿＿＿＿＿＿＿＿＿＿＿＿＿＿＿

挑戰閱讀王

閱讀完〈要求正名！──我們不是恐龍〉後，請你一起來挑戰以下題組。

答對就能得到👍，奪得 10 個以上，閱讀王就是你！加油！

☆恐龍是中生代最具有代表性的古生物，請根據文章內容回答下列問題：

（　　）1.下列關於恐龍的描述，何者正確？（答對可得到 1 個👍哦！）

　　　　　①屬於羊膜卵動物　②腹部需貼地爬行

　　　　　③是鱷魚的祖先　④是古生代的代表生物

（　　）2.根據演化支序分類圖，下列哪一個分類群不屬於恐龍？（答對可得到 2 個

　　　　　👍哦！）

　　　　　①蜥腳類　②獸足類　③無孔類　④鳥類

（　　）3.根據文章所述，下列何者屬於恐龍？（答對可得到 1 個👍哦！）

　　　　　①暴龍　②滄龍　③蛇頸龍　④翼龍

☆翼龍、魚龍、蛇頸龍及滄龍是經常被誤解為恐龍的古生物，請根據文章內容回答

　下列問題：

（　　）4.關於翼龍的相關描述，何者正確？（答對可得到 1 個👍哦！）

　　　　　①是鳥類的祖先　②為胎生動物　③和蝙蝠是近親　④在白堊紀滅絕

（　　）5.關於海豚和魚龍的異同之處，下列何者正確？（答對可得到 2 個👍哦！）

　　　　　①海豚為胎生，魚龍為卵生

　　　　　②海豚尾巴水平分叉，魚龍尾巴垂直分叉

　　　　　③海豚和魚龍都是中生代海洋的霸主

　　　　　④海豚是魚類，魚龍是爬蟲類

（　　）6.有關蛇頸龍的敘述，何者正確？（答對可得到 1 個👍哦！）

　　　　　①存活在尼斯湖中　②極有可能是胎生動物

　　　　　③是水怪的祖先　④經常於陸地上活動

（　　）7.滄龍在分類上和哪一種動物較為接近？（答對可得到 1 個👍哦！）

　　　　　①海豚　②旗魚　③巨蜥　④海獅

☆放大版的雞：2007 年，一個由傑克・霍納（Jack Horner）率領的考古研究團隊，在美國蒙大拿州發現了一具保存良好的暴龍化石。在處理化石的過程中暴龍的股骨碎裂，霍納因此取得一些碎片，並將碎片寄給他的學生研究。在複雜的研究過程中，發現了一種只有在排卵時才會產生的組織，因此成為第一個能推斷恐龍性別的證據。後來，他的學生又將這些組織轉寄給一個專攻蛋白質定序研究的同事，隨著蛋白質序列的比對，他們發現暴龍身上至少有六組蛋白質和雞完全相同。這樣的研究結果，支持了一些原本就認為鳥類和恐龍屬於同一個分類群的說法，也讓人笑稱：原來暴龍就是放大版的雞！

（　）8. 關於霍納研究的這具暴龍化石，下列敘述哪一項正確？（答對可得到 2 個👍哦！）

　　　①在加拿大出土　②是一隻母暴龍

　　　③只發現股骨碎片化石　④是一隻暴龍幼體

（　）9. 根據上述的研究成果，可知下列哪一種生物跟暴龍的親緣關係最接近？（答對可得到 1 個👍哦！）

　　　①環頸雉　②科莫多巨蜥　③壁虎　④變色龍

延伸知識

1. **演化樹**：是一種用來表示物種間親緣關係的樹狀圖，又稱為「親緣關係樹」，可用在分類學及流行病學等領域的研究。

2. **趨同演化**：指親緣關係較遠的物種，因長期生活在相似的環境中，所以在演化上出現類似的身體構造，例如鳥類、蝙蝠、翼龍都有用來飛行的翅膀，這類器官都是前肢特化而來，因此又稱為「同源器官」；而鼴鼠和螻蛄都有能挖土的前肢，也是趨同演化的例子，但兩者的來源並不相同，因此不屬於同源器官，而是被稱為「同功器官」。

3. **羊膜卵**：具有羊膜的卵，卵外有三層膜保護，最重要的特性是可以防止水分流失，大大降低脊椎動物繁衍時對水的依賴，在演化上更能適應陸地的乾燥環境。目前所知的爬行類、鳥類及卵生哺乳類都屬於羊膜卵動物。

4. **鳥類飛行起源**：對於鳥類如何演化出飛行能力，有兩套說法。其一是滑翔理論，

此派觀點認為鳥類祖先是會滑翔的樹棲動物，後來為了延長滯空時間，才以翅膀上下拍撲，進而形成飛行的能力。另一個則是奔跑理論，認為鳥類祖先是兩足行走的小型恐龍，當追逐獵物或逃避獵食時，在奔跑過程中常出現騰空躍起的行為，再加上前肢往兩側伸展、羽毛增加浮力等形態，而逐漸演化出飛行的能力。

延伸思考

1. 你最喜歡哪一種恐龍？查查看演化支序分類圖，牠是否真的是恐龍呢？
2. 試著記錄五種你看到的動物，並搜尋與記下牠們的重要特徵，畫出你的演化樹！
3. 除了科學家的蛋白質定序外，雞和暴龍在外形上還有哪些雷同的地方？
4. 關於鳥類飛行起源的兩派說法，你比較支持哪一種？為什麼？
5. 除了文章中提到的幾種例子外，是否還有其他趨同演化的實例呢？

食物釀起來發酵

「發酵食物」早已充斥在我們的日常飲食中，但發酵究竟有什麼好處？
為什麼要將食物發酵呢？來看微生物們的傑作吧！

撰文／席尼

繪圖：粗心小王子：圖片來源：Shutterstock

人類的飲食由生食到熟食，之後才又發展出「發酵」這項料理方法，藉由發酵來延緩食物腐敗的時間，確保更多食物來源。但儘管發酵是比較晚才出現的料理方式，還是具有相當的歷史。根據考古調查發現，人類至少在西元前一萬年的新石器時代，就已經知道利用發酵製酒了。

今天，發酵食物與我們的飲食生活已緊密結合在一起，像是優酪乳、醬油、豆腐乳、火腿、臘腸、泡菜、臭豆腐、酒、醋、麵包……等，都是發酵食物，甚至連巧克力也是發酵做成！不相信？巧克力的原料是可可，需先將可可豆從豆莢取出，經過十幾天的發酵成為深褐色的豆子，才能真正成為製作巧克力的原料，進行後續加工，所以巧克力當然也算是發酵食物！

什麼是「發酵」？

在食品領域裡，發酵是以有機物為原料，經過特定的細菌、酵母菌或黴菌等微生物的合成或分解作用，而產生新物質的過程。比如說，酵母菌會把葡萄糖轉變成酒精與二氧化碳；醋酸菌會把酒精轉變成醋酸與水；醬油裡的發酵作用則比較複雜，是經過多種微生物作用後才得出產品。

你可能會產生這樣的疑問：「微生物為什麼要發酵？」這個問題的本質其實跟「人為什麼要吃飯？」一樣，都是為了要活下去。微生物藉由酵素把有機物轉化成能量，以糖為例，糖發酵後除了產出酒精與二氧化碳外，還會產生三磷酸腺苷（ATP），是提供細胞活動所需能量的來源。

在食物的發酵過程中，若是環境條件沒控

我是酵母菌，可以把糖變成酒精和二氧化碳喔！麵包師傅常常用我們製作麵包。

制好，讓其他雜菌或腐敗細菌混入攪局，就可能會發酵失敗，最後以腐敗收場。其實食物的「發酵」與「腐敗」很像，都是經過微生物的作用，只是發酵產生的物質對人體無害，甚至可能有益，而腐敗產生的，則可能讓我們食物中毒。

發酵食物的好處

發酵的好處很多，大致可歸納為四點：增加食物的保存期限、營養與健康、增添食物的風味和節省能源。

🫧 賞味期限延長

避免腐敗細菌的生長，是發酵能增加食物保存期限的主要原因。所有的新鮮蔬果中，都同時存在著能讓食物發酵的乳酸菌，以及讓食物腐敗的腐敗細菌。那為什麼食物放久了，通常不是自然發酵而是壞掉了呢？這是因為乳酸菌是厭氧菌，正常環境下乳酸菌族群數量很少，它們得在無氧的環境下才有辦法繁衍。相對的，腐敗細菌卻能在有氧環境下一直生長，所以新鮮蔬果長時間放置不食

呵呵～我是醋酸菌，酒是我的最愛。有些人釀酒反成醋，就是因為我偷溜進去了。嗝！呵～

用，就容易成為腐敗細菌的糧食。

然而，我們可以藉由氧的隔絕、添加鹽、控制溫度、避免光的接觸等方法，營造出適合發酵微生物繁殖的環境。在發酵的過程中，除了產生酒精、酸、二氧化碳之外，還會分泌「細菌素」（bacteriocin），它是一種類似抗生素的化合物，能夠抑制腐敗細菌的生長，因而達到延長保存期限的作用。以營養相當豐富的豆腐為例，新鮮豆腐保存期限非常短，但經過特定細菌或黴菌的發酵後成為豆腐乳，除了質地與風味產生變化，保存期限也得到很大的延長。

營養又健康

微生物在發酵的過程中所分泌的酵素，會對食物的組成與環境進行改造，也對我們的健康有好處，發酵對於營養健康上的意義可以從四個方面來了解。

預先消化：發酵能將人體無法消化的食物組成，分解為腸道可消化或直接吸收的型態，如優酪乳、起司或優格，都是很典型的例子。大部分的成年人因缺乏乳糖酶，喝牛乳時無法順利消化牛乳中的乳糖，部分乳糖會被腸道的細菌利用，產生氣體與乳酸，氣體可能會引起脹氣，而大部分未分解的乳糖則會刺激腸道蠕動，引起腹絞痛或腹瀉的症狀，這就是「乳糖不耐症」。牛乳經過乳酸菌發酵後，乳糖都轉變成乳酸，如此就可以避免不適的症狀發生。

保護或強化營養素：發酵過程產生的二氧化碳能保護食物的維生素 C 不被氧化，例如：吃韓式泡菜所獲得的維生素 C，會比一般烹調過的大白菜要來得完整許多。

微生物發酵時，還會合成一些人體需要的微量營養素，如維生素 B 群、維生素 K 等，可強化食物的營養價值。味噌就是發酵後營

我是乳酸菌，能分解乳糖，優酪乳和泡菜的製作就是靠我們。

啊嚓——

哈囉～我是麴菌，是負責製作醬油和味噌的黴菌唷！

繪圖：粗心小王子．．圖片來源：Shutterstock

養強化的例子。黃豆煮熟後加入清酒麴（一種黴菌），發酵後就能製作出味噌。與原本的黃豆相比，味噌的營養成分多出了許多黃豆沒有的維生素 B。

發酵還有助於礦物質的吸收，蔬菜類的食物本身含有植酸，會綁住食物裡的礦物質，而發酵能讓礦物質釋出，增加小腸對礦物質的吸收量。

食物發酵的過程中也會產生一些對健康有益的成分。醋是相當古老的發酵食物，製作方法是酒精發酵後與空氣及醋酸菌接觸，進行有氧發酵。過程中，除了形成醋外，也會產生一些有機酸、胺基酸、醣類與酯類的成分，有研究發現長期食用醋可能具有調控血糖、降低血中三酸甘油酯與膽固醇、殺菌、幫助體重管理等功效。

保留益生菌：有些發酵食物依然保留著活菌，而這些活菌被我們吃下肚後，能暫時居住在腸子裡面，幫助維持腸道的健康。不過要注意，像是泡菜或味噌，經過加熱烹調後，就很難吃到活菌了。

去除毒性：不少食物在發酵前是有毒的，但經過發酵後，有毒的成分會被去除。例如橄欖果不能生吃，除了吃起來很苦，也含有毒素，但透過醃漬能減少苦味，去除毒素。

美味又節能

經過發酵的食物因為微生物的作用會產出多樣的風味分子，有別於原本的食材，讓食物風味更加豐富，也增加了烹調時的選擇。

呼～我是毛黴菌，是製作豆腐乳和臭豆腐的菌。

呼～zzzZZzz

有人或許覺得臭豆腐、乳酪等發酵食物很臭，但喜歡的也是大有人在呢！

發酵食物是利用大自然原有的微生物直接作用在食材上，不需要另外加熱烹調，因此是一種很節省能源的料理方式。

但發酵食物雖然有很多優點，也不能百無禁忌的吃，我們得留意那些吃起來很鹹的發酵食品，如豆腐乳、起司、泡菜、味噌等，由於鈉含量相對高於其他食物，攝取過多可能導致水腫，長期下來對心血管以及腎臟的健康有害，因此吃這類食物適量就好。

發酵食物是全世界人類已經吃了上萬年的東西，從這些食物的發展淵源，我們能夠認識過去的歷史，或許也能從中去體會祖先們與自然共存的一種生活哲學──不浪費、懂得珍惜。

席尼　本名江奕賢，本業是營養師，因成立「營養共筆」部落格而聞名。著有《營養的迷思》、《營養的真相》等書。

食物釀起來——發酵

國中生物教師　謝璇瑩

主題導覽

你愛喝優酪乳嗎？吃水餃時，是不是覺得沾點醬油更好吃？經過賣臭豆腐的小攤販，你是覺得好香、還是好臭呢？這些風味特殊的食物，都是經過微生物「發酵」後生產出來的。什麼是發酵呢？發酵生產出的食物，到底對人體有益還是有害？

〈食物釀起來——發酵〉告訴我們何為「發酵」、微生物為何要進行「發酵」，更進一步說明了發酵食物的利與弊。閱讀完文章後，可以利用「挑戰閱讀王」了解自己對文章的理解程度；「延伸知識」中補充了何為細菌、真菌和厭氧菌，並簡單說明發酵在工業上的應用，可以幫助你更深入理解本篇文章的內容。

關鍵字短文

〈食物釀起來——發酵〉文章中提到許多重要的字詞，試著列出幾個你認為最重要的關鍵字，並以一小段文字，將這些關鍵字全部串連起來。例如：

關鍵字：1. 發酵　2. 微生物　3. 酵素　4. 能量　5. 腐敗

短文：微生物能夠利用酵素分解或合成物質，以產生微生物生存所需的能量。人類利用微生物的這項特性進行發酵作用，生產發酵食物，達到延緩食物腐敗、增進養分、促進消化、保留益生菌及去除食物毒性等功能。發酵不但能增添食物風味，更有促進健康的效果。

關鍵字：1.＿＿＿＿＿　2.＿＿＿＿＿　3.＿＿＿＿＿　4.＿＿＿＿＿　5.＿＿＿＿＿

短文：＿＿＿＿＿＿＿＿＿＿＿＿＿＿＿＿＿＿＿＿＿＿＿＿＿＿＿＿＿＿＿＿

＿＿＿＿＿＿＿＿＿＿＿＿＿＿＿＿＿＿＿＿＿＿＿＿＿＿＿＿＿＿＿＿＿＿

＿＿＿＿＿＿＿＿＿＿＿＿＿＿＿＿＿＿＿＿＿＿＿＿＿＿＿＿＿＿＿＿＿＿

＿＿＿＿＿＿＿＿＿＿＿＿＿＿＿＿＿＿＿＿＿＿＿＿＿＿＿＿＿＿＿＿＿＿

挑戰閱讀王

閱讀完〈食物釀起來——發酵〉後，請你一起來挑戰以下題組。

答對就能得到👍，奪得 10 個以上，閱讀王就是你！加油！

☆根據考古調查發現，人們至少從一萬年前就已經利用發酵來生產某些食物了。請你試著回答下列有關發酵食物的問題：

（　）1. 下列哪種食物不需要經過發酵作用就能獲得？（答對可得到 1 個👍哦！）
　　　　①鮮乳　②火腿　③泡菜　④巧克力

（　）2. 前面文章中提到「發酵是以有機物為原料，經過微生物作用產生新物質的過程」，請根據文章中的定義，判斷「醋酸菌會把酒精轉變成醋酸與水」中，哪一項屬於發酵作用中的「原料」？（答對可得到 1 個👍哦！）
　　　　①醋酸菌　②酒精　③醋酸　④水

（　）3. 微生物進行發酵作用的目的為下列何者？（答對可得到 1 個👍哦！）
　　　　①獲得酒精　②獲得細菌素　③獲得二氧化碳　④獲得能量

（　）4. 下列關於微生物和發酵產物的配對何者錯誤？（答對可得到 2 個👍哦！）
　　　　①毛黴菌——醬油　②乳酸菌——優酪乳
　　　　③麴菌——味噌　④酵母菌——酒精

☆在食物發酵的過程中，若是環境條件沒控制好，會讓腐敗細菌混入，導致發酵失敗，最後以腐敗收場。請你試著回答下列關於發酵和腐敗的問題：

（　）5. 下列何種環境條件有利於乳酸菌進行發酵？（答對可得到 1 個👍哦！）
　　　　①具有豐富的二氧化碳　②具有豐富的氧氣
　　　　③缺乏氧氣　④缺乏二氧化碳

（　）6. 在食物中同時存在著乳酸菌與腐敗細菌，這兩種細菌間的關係可能為下列何者？（答對可得到 1 個👍哦！）
　　　　①乳酸菌愈多，腐敗細菌愈多
　　　　②乳酸菌愈多，腐敗細菌愈少
　　　　③兩種細菌的數目不具任何關聯性。

（　　）7.微生物在發酵的過程中會分泌「細菌素」。請問細菌素具有下列哪種功能？
（答對可得到 1 個👍哦！）
①促進腐敗細菌生長　②促進乳酸菌生長
③抑制腐敗細菌生長　④抑制乳酸菌生長。

☆發酵食物有許多好處，也有一些需要考量的壞處。請你回答下列有關發酵食物對
人體影響的問題：

（　　）8.有些人直接喝鮮奶會腹瀉，這稱為「乳糖不耐症」。請問具有乳糖不耐症
的人，為什麼可以直接喝優酪乳而不感到不適？（答對可得到 1 個👍哦！）
①乳糖被人體腸道菌利用產生乳酸
②優酪乳提供人體乳糖酶
③優酪乳使人改善體質產生乳糖酶
④優酪乳中的乳酸菌已將乳糖轉變為乳酸

（　　）9.下列何者不是發酵食物的功效？（答對可得到 1 個👍哦！）
①增加血中三酸甘油酯　②保護食物中維生素 C 不被氧化
③增加食物中營養成分的種類　④增加小腸對礦物質的吸收

（　　）10.下列何者是攝取含鈉量過高的發酵食物可能產生的後果？（答對可得到 2
個👍哦！）
①減輕水腫　②加強心肺功能　③影響腎臟健康　④增加血管彈性

延伸知識

1.**細菌**：細菌屬於原核生物，染色體沒有被核膜包起形成細胞核，而是直接游離於
細胞質中。細菌的細胞與我們真核生物（染色體被核膜包起形成細胞核的生物）
的細胞相比，還缺乏粒線體和葉綠體等胞器（細胞中具有特殊功能的構造）。文
章中提到的醋酸菌、乳酸菌都是細菌。

2.**真菌**：真菌指的是真核生物中的真菌界。真菌中只有酵母菌是單細胞，其他如黴
菌和蕈類等皆為具有菌絲的多細胞真菌。文章中提到的酵母菌、清酒麴（麴菌）
和毛黴菌，都屬於真菌。

3. **厭氧菌**：有些細菌在沒有氧氣的環境生長得比在有氧環境中好，因而稱為「厭氧菌」。有些厭氧菌接觸到氧氣會死亡；有些厭氧菌則是在無氧的情況下生長較好，接觸氧氣也不會死亡，乳酸菌就屬於這一類「兼性厭氧菌」。

4. **工業發酵**：我們除了利用微生物發酵來生產食品以外，也可利用發酵來製造工業產品。現代的發酵技術可以用來生產有機酸、胺基酸、激素和抗生素等產物，是現代生活中不可或缺的重要技術。

延伸思考

1. 你喜歡吃哪種發酵食品？查一查這種發酵食品是利用哪種（或哪些）微生物進行發酵，這種（或這些）微生物在生物學上屬於哪個分類？它們是利用哪些原料進行發酵，以做出你所喜愛的發酵食品？

2. 請利用文章中的內容製作一個表格，簡單清楚呈現發酵食物的好處。並請你試著利用自己整理的表格，向家人說明發酵食物的好處。

3. 請搜尋一個工業發酵的例子，裡面應該要包含：
   ① 此項工業發酵的產品為何？有何重要性？
   ② 產品的製作過程為何？請試著將搜尋到的資料寫成一篇簡短的介紹，發表在你的個人社交平台上。

鹿死誰手？

在動物園或是鹿園常見的可愛梅花鹿，
竟然已經在臺灣的野外滅絕了！
其他動物也正在受苦，這到底是怎麼一回事？

撰文／簡志祥

你住在有鹿的地方嗎？你大概會回答「哪裡有鹿啊？」，但這裡說的不是能夠實際看到鹿的所在，而是地名裡有鹿的地方。

你可以前往「地名資訊服務網」，在查詢欄裡輸入「鹿」這個字，查詢臺灣地名，可得到一百多個結果。你可以再看看裡頭的詳細資料，了解這些地名裡有鹿字的原因。

有些是因為地形，例如：鹿耳門溪是因為溪附近的陸地形狀像鹿耳而得名；有些是由原住民的語言轉音而成，例如：臺東海端鄉的霧鹿，可能是由一種名為 vulvul 的草而得名，或是因為當地泉水冒出的聲音——布農族稱水聲為 pul-pul，被用來命名，後來

轉音為霧鹿。除了上述的地名緣由之外，有更多的地名是因為有鹿在當地活動而得名，像是苗栗南庄的鹿場、嘉義的鹿草，還有許多縣市都有的地名，如鹿仔寮、鹿仔坑。

從這些地名的分布，我們可以想像臺灣當初應該有很多鹿，但到底有多少鹿呢？那些我們來不及參與的過去，並沒有生態學家為梅花鹿進行族群調查，但是我們可以從臺灣對外貿易的歷史中看到梅花鹿族群的興衰。臺灣從荷治時期到鄭氏時期的出口物資都有鹿皮，可是到清領時期之後，就轉為以稻米和蔗糖為主，鹿皮不再是貿易商品，為什麼呢？是鹿的族群減少了？還是當時對鹿皮的需求轉變了呢？

鹿皮貿易的興衰

在中央研究院院士曹永和所著的《近世臺灣鹿皮貿易考》中，可以看見臺灣鹿皮的貿易轉變。在《東西洋考》這本書裡記載了萬曆 17 年（西元 1589 年）就已經有「鹿皮每百張稅銀八分」的紀錄，顯然臺灣輸出鹿皮的歷史，可以追溯到荷治時期之前，那時的鹿皮輸往大陸後，會直接以原皮或進行加工後，再輸送到日本製作商品。

日本對鹿皮的需求，從 16 世紀後半愈來愈高，當時日本處於戰國時代，需要皮革製作多樣化的軍需品，像是甲冑、弓具、鞍具等，但是日本國內的鹿皮卻因為開墾而愈來愈少，於是必須從海外取得鹿皮，臺灣島上的鹿皮，也就從這時開始大量輸入日本。

日本到了德川時代，政局穩定多了，於是軍需品減少，國內的偏好改為以鹿皮製成的襪子、錢包、鞋子等。在 17 世紀的時候，每年由荷蘭船輸入日本的鹿皮就超過 10 萬張，其中大多來自臺灣和暹邏。

在荷蘭治臺末年及明鄭時期，臺灣產的鹿皮大約是每年 3 萬張，然而到了滿清時期，年產量僅剩下約 9000 張，進入雍正年間，鹿皮更少，甚至再也沒有辦法變成輸出產品了。在此之前的一百多年時間中，從臺灣輸出的鹿皮高達上百萬張，也就是說，從荷治時期到滿清雍正時期這段時間，臺灣有上百萬的梅花鹿被大量捕捉殺害變成貿易商品，而這樣的貿易規模到雍正之後，居然就消失了，這顯然跟臺灣島上的梅花鹿數量有很大的關係。

除了大規模的捕捉之外，棲地的破壞是另一個原因，當時人口由中國大陸移入臺灣之後，需要土地耕種糧食作物，因此開墾了許多平地，破壞了原有鹿群的棲息地，讓梅花鹿更是難以生存。

旅鴿悲歌

這種生物滅絕的故事古今中外皆有，19 世紀初期北美大陸有一種叫做旅鴿的鳥類，據估計，數量曾經多達 50 億隻，每到遷徙

的季節，牠們會成群飛過天空，據說數量多到可以遮蔽陽光。然而現在到美國，想看到野生的旅鴿已經是不可能的事，甚至根本看不到活生生的旅鴿，因為數量曾經那麼龐大的旅鴿，最後一隻已在 1914 年 9 月 1 日死於辛辛那提動物園。

50 億隻的旅鴿是怎麼在幾百年間消失的呢？一切都是因為人類。當歐洲人開始移民到北美洲之後，他們看見漫天蔽日的旅鴿，心裡的第一個念頭就是想殺了牠們。因為旅鴿會破壞農作物，所以農民拿槍轟鳥，鳥打下來了還可以吃，後來更開始用鳥網和霰彈槍捕殺，抓下來的旅鴿成了便宜的食物。

連續幾十年的時間，居民肆無忌憚的大規模獵捕，有時候一個州在一個季節就可以捕到 750 萬隻旅鴿，甚至有人找到旅鴿的孵化地，在五個月裡每天獵取了 5 萬隻，連幼鴿都屠殺殆盡。

▲一百多年前的插畫，描繪出旅鴿漫天飛舞的場景，以及美國當地如何獵捕旅鴿。

終於，野外的最後一隻旅鴿在 1900 年死亡，只剩下動物園裡還養著旅鴿。1914年，那隻殘存的旅鴿——瑪莎（Martha），低下頭斷氣了，過去數量高達 50 億隻的旅鴿，就此完全在地球上消失。

令人感到很熟悉的情節吧！臺灣的梅花鹿正是類似的故事。1980 年，馬卡拉博士（Dale R. McCullough）在臺灣進行的調查報告中指出，臺灣梅花鹿可能已經在 1969 年於野外絕跡了，也就是說，人類在 300 年的時間裡讓一種生物從野外滅絕了，荷蘭人、日本人、漢人、平埔族……誰都脫不了責任。

黑鮪魚的呼救

現在，臺灣還有個物種正處於滅絕進行式當中，那就是黑鮪魚。

根據 1993 年到 2015 年間的「漁業署漁業統計年報漁獲量趨勢圖」，臺灣的黑鮪魚在東港地區捕獲量最多，而總捕獲量在 1999 年達到最高，之後逐年下降。1999 那年捕獲量有 3339 公噸，但到了 2008 年僅剩 980 公噸，2015 年則僅剩 577 公噸。

黑鮪魚捕獲量的減少，有很多可能原因，漁業署提出的原因包括作業漁場變小，因為各國嚴格禁止漁船未經許可侵入自己的經濟水域，另外還有油價高漲、作業漁船減少等因素。但除了以上這些原因，野生黑鮪魚的數量是不是也的確減少了呢？如果捕撈情況繼續下去，十年後是否還有黑鮪魚？我們不

得而知。

以上幾個野生動物的滅絕消失，大量獵捕的確是主因之一，然而不可忽略的是，棲地破壞也難辭其咎。石虎的遭遇，就是個活生生的例子。

石虎的破碎家園

石虎外觀看來像貓，名字裡有個「虎」，但實際上牠不是貓也不是虎，在分類上屬於「豹貓」屬。除了可能已經滅絕的雲豹外，石虎是臺灣僅存的原生貓科動物。

石虎棲息在淺山地區，通常與農耕區域重疊，所以石虎的存活常受到人類一舉一動的影響。由於石虎會偷襲農家飼養的放山雞，因此有些農民會使用捕獸夾進行捕捉，或是放置毒餌，這些都讓石虎面臨很大的生存壓力。然而對石虎數量更大的威脅，來自棲息地的破壞。

根據科學家利用無線電追蹤的研究成果，雄性石虎的活動範圍可達 5～6 平方公里，雌性的活動範圍也有約 2 平方公里，每隻個體的活動範圍會彼此重疊，但密集活動的核心區彼此獨立，顯示石虎具有領域性。

單獨一隻石虎既要大範圍棲地，又要獨占領域，如果剛好這塊棲地被開了一條路，會發生什麼事呢？對我們來說，開了路沒什麼關係，反正過馬路不過是幾秒的事情，但對石虎來說意義大不同。在針對石虎的追蹤研究中發現，石虎的活動範圍不會跨越流量稍多的公路（意思是石虎不喜歡過馬路），

這代表道路切割了石虎的棲息地。本來一隻石虎住在一塊有 6 平方公里的區域，被道路切成兩塊 3 平方公里的區域後，對石虎來說，擁有的棲地就是從 6 平方公里變成 3 平方公里。僅存的 3 平方公里所能提供的生產者有限，初級消費者的數量也不如 6 平方公里那麼多，而處於食物鏈最高層的石虎，食物來源受限，數量當然就下降了。為了取得更多食物，石虎還是有可能跨越道路，但因為道路車流量多，閃避不及的石虎就成了輪下亡魂。

少了一隻石虎，並不單純是少了一隻像貓的生物。石虎是淺山生態系裡頭的高級消費者，數量上的變動會大幅牽動整個食物網的結構，使其他動植物受到影響。

當人類為了滿足自己的需求而逢山開路、遇水架橋，增加便利性，對自然生態卻會造成棲地破碎化的問題，讓一整塊大面積的棲地變成好幾塊小面積的棲地，這其實正是目前臺灣野生動物遇到的最大危機。

搶救棲地大作戰

就如同切成碎片的紙張，可以用膠水再黏合做些彌補，破碎的棲地也能再度補償——將數個異質性的棲地彼此連結，達成物種多樣性保育的功能。目前林務局規劃的「中央山脈保育廊道」就是這樣的計畫，結合自然保留區、國家公園及動物重要棲息環境，建立中央山脈生態保護區系統。

這樣形成的保育廊道，南北長達 300 公

▲野生動物在黑暗中突然遇到強光照射，如車燈，常會不知如何反應而呆立路中，若駕駛速度太快無法及時剎車，很容易發生路殺事件。

繪圖：HOM 的遊樂園

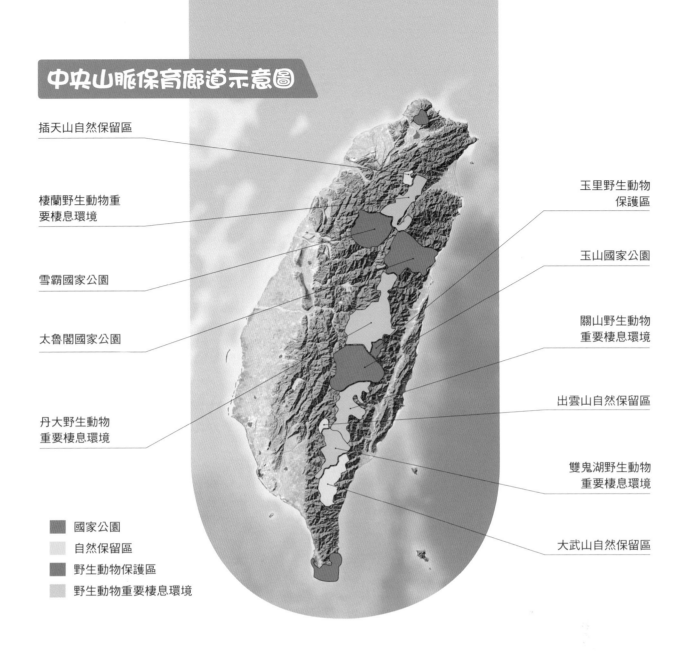

中央山脈保育廊道示意圖

插天山自然保留區

棲蘭野生動物重要棲息環境

雪霸國家公園

太魯閣國家公園

丹大野生動物重要棲息環境

玉里野生動物保護區

玉山國家公園

關山野生動物重要棲息環境

出雲山自然保留區

雙鬼湖野生動物重要棲息環境

大武山自然保留區

■ 國家公園
■ 自然保留區
■ 野生動物保護區
■ 野生動物重要棲息環境

里，總面積約 63 萬公頃，約占全島面積的 17.5%。建立生態廊道能夠把支離破碎的保護區連接起來，讓各區的動物可以透過生態廊道互相來往，並做基因交流，以避免近親繁殖而喪失基因多樣性，並造成增加遺傳疾病的風險。

建立生態廊道是政府機關處理棲地破碎化的方式，而我們可以做些什麼呢？最簡單的方式，就是避免路殺。當你和家人開車到野外玩的時候，請提醒家人放慢車速，注意有沒有動物正在過馬路，特別是夜間開車時。因為許多野生動物過馬路時，若受到突如其來的強光照射，會呆立在路上，你的貼心動作可以保全牠們的生命，減少物種多樣性的消失。🅢

簡志祥　新竹市光華國中生物老師，以「阿簡生物筆記」部落格聞名，對什麼都很有興趣，除了生物，也熱中於 DIY 或改造電子產品。

「鹿」死誰手？

國中生物教師　江家豪

主題導覽

　　臺灣許多地名中都有「鹿」這個字，意味著梅花鹿曾經族群龐大、隨處可見，但因為棲地的破壞與過度的獵捕，導致鹿群數量急遽下降，僅幾百年間梅花鹿便已在野外絕跡；也因此出現了獨留鹿名卻不見鹿影的現象，不禁讓人懷疑梅花鹿曾在西部平原活躍的真實性。本篇文章介紹了許多和梅花鹿類似的例子，包含已經滅絕或瀕臨滅絕的物種，亟待國人重視。

　　〈「鹿」死誰手？〉介紹了梅花鹿族群的興衰歷史和其他現有物種所面臨的生態危機。閱讀完文章後，可以利用「挑戰閱讀王」了解自己對文章的理解程度；「延伸知識」中補充了物種滅絕原因的探討、保育相關政策的簡單介紹，可以幫助你更深入的理解保育。

關鍵字短文

　　〈「鹿」死誰手？〉文章中提到許多重要的字詞，試著列出幾個你認為最重要的關鍵字，並以一小段文字，將這些關鍵字全部串連起來。例如：

關鍵字：1. 梅花鹿　2. 大量捕捉　3. 棲地破壞　4. 野外絕跡　5. 中央山脈保育廊道

短文：梅花鹿曾是臺灣常見的物種，數量多到能夠成為主要外銷商品，卻因為沒有限制的大量捕捉，加上新移民在糧食作物上的需求，大規模將梅花鹿的野生棲地開發為農業用地，而使得族群數量銳減。棲地破壞導致梅花鹿族群日漸縮小，進而在野外絕跡，留下現今「只聞鹿名卻不見鹿影」的狀態。類似的情形也威脅著許多現存物種，因此政府提出積極的保育政策，規劃中央山脈保育廊道，期望能讓野生動植物在這塊寶島上和人類永續共存。

關鍵字：1.＿＿＿＿　2.＿＿＿＿　3.＿＿＿＿　4.＿＿＿＿　5.＿＿＿＿

短文：＿＿＿＿＿＿＿＿＿＿＿＿＿＿＿＿＿＿＿＿＿＿＿＿＿＿＿＿

＿＿＿＿＿＿＿＿＿＿＿＿＿＿＿＿＿＿＿＿＿＿＿＿＿＿＿＿＿＿

＿＿＿＿＿＿＿＿＿＿＿＿＿＿＿＿＿＿＿＿＿＿＿＿＿＿＿＿＿＿

挑戰閱讀王

閱讀完〈「鹿」死誰手？〉後，請你一起來挑戰以下題組。

答對就能得到👍，奪得 10 個以上，閱讀王就是你！加油！

☆梅花鹿曾在西部平原活躍，並成為外銷商品的主力，請根據梅花鹿在臺灣的歷史，
　回答下列問題：

（　）1.臺灣許多地名中都有「鹿」字，但下列哪個地名與鹿群的活動並無關係？
　　　　（答對可得到 1 個👍哦！）

　　　　①臺東霧鹿　②嘉義鹿草　③苗栗鹿場　④新竹鹿寮坑

（　）2.下列有關梅花鹿出口歷史的描述，何者正確？（答對可得到 1 個👍哦！）

　　　　①日治時期開始出口　②主要是原住民獵捕出口

　　　　③鹿皮是主要出口部位　④主要出口到東南亞國家

（　）3.下列關於梅花鹿的敘述，何者正確？（答對可得到 1 個👍哦！）

　　　　①活躍在中央山脈高海拔地區　②已在臺灣野外絕跡

　　　　③已在世界上完全絕跡　④以梅花為食而得名

（　）4.有關荷治時期梅花鹿的出口，主要是銷往何處？又做為什麼用途呢？（答
　　　　對可得到 2 個👍哦！）

　　　　①韓國；藥材　②日本；藥材

　　　　③韓國；軍用品　④日本；軍用品

☆旅鴿的滅絕和梅花鹿的故事很類似，請根據旅鴿的滅絕歷程來回答下列問題：

（　）5.下列有關旅鴿這種生物的描述，何者正確？（答對可得到 1 個👍哦！）

　　　　①為東北亞常見的鳥類　②因化學農藥使用而滅絕

　　　　③在美國動物園仍能看到旅鴿　④數量曾達 50 億隻之多

（　）6.旅鴿的滅絕，和梅花鹿有什麼相似之處？（答對可得到 1 個👍哦！）

　　　　①皆是因過度獵捕而滅絕　②皆是重要的肉品來源

　　　　③皆已經在地球上絕跡　④皆是臺灣特有種。

☆臺灣的黑鮪魚和石虎族群也面臨著生存危機，請試著回答下列相關問題：

（　　）7.有關臺灣黑鮪魚族群現況的描述，何者正確？（答對可得到 1 個👍哦！）

　　　　　①根據統計捕獲量逐年增加　②已透過人工養殖改善族群量

　　　　　③河川汙染是黑鮪魚最大的威脅　④屏東東港為捕獲量最高的地方

（　　）8.下列有關石虎的描述，何者正確？（答對可得到 1 個👍哦！）

　　　　　①就是野生的貓　②分布在淺山區

　　　　　③為雲豹的雜交後代　④是許多人喜愛的寵物

（　　）9.下列何者不是石虎族群面臨的生態危機？（答對可得到 1 個👍哦！）

　　　　　①棲地的破碎化　②路殺的危機

　　　　　③農民的毒殺　④被捕捉作為寵物飼養

☆在我們的生態環境中存在各式各樣的生物種類，我們稱之為物種多樣性。物種多樣性愈高，代表一個地區中的生物種類愈多，由這些生物編織而成的食物網就愈複雜，每個物種在這個棲息地中扮演的角色，也會有較高的替代性，讓整個生態系統更加穩定。制定各項政策，加強人民的保育觀念，都是保護物種多樣性極為重要的手段！

（　　）10.關於物種多樣性的描述何者正確？（答對可得到 2 個👍哦！）

　　　　　①物種多樣性愈高，生態系愈穩定

　　　　　②是指地球上具有各式各樣的生態環境

　　　　　③在家飼養保育類動物可以保護物種多樣性

　　　　　④多把荒地變公園，可增加物種多樣性

（　　）11.下列哪個環境系統，擁有較高的物種多樣性？（答對可得到 1 個👍哦！）

　　　　　①大安森林公園　②墾丁的熱帶季風林

　　　　　③坪林的茶園　④陽明山上的草原

延伸知識

1.HIPPO效應：「生物多樣性之父」威爾森（E. O. Wilson）在著作《生物圈的未來》

中，將生物多樣性所面臨的威脅歸納為「河馬效應」——HIPPO，這五個字母分別代表以下威脅：棲息地破壞（Habitat destruction）、外來種入侵（Invasive species）、環境汙染（Pollution）、人口過多（Population），以及資源過度利用（Overexploitation）等五項。

2. **中央山脈保育廊道：**是林務局針對棲地保育所訂定的政策，主要用意是將中央山脈地區的高山林地、自然保留區、野生動物保護區、自然保護區及國家公園等，串聯成一個連綿不絕的綠色廊道，用來保育臺灣重要生態核心地帶。

3. **海洋保護系統：**對於海洋資源的保護，可透過科學評估、監測和強力的執法，減少漁業捕撈，建立海洋保護系統，並妥善管理瀕危物種。另外，可根據環境容許能力，設定漁業捕撈量或強度限制，並減少破壞性漁法對環境的傷害。然而目前在臺灣，並沒有明確的限漁政策。

延伸思考

1. 上網搜尋或問問地方耆老，你的居住地附近有與「鹿」相關的地名嗎？

2. 查查看成語「逐鹿中原」的由來是什麼？與鹿有關嗎？

3. 除了石虎與黑鮪魚，臺灣還有哪些生物面臨生存危機？牠們的困境是什麼？

4. 臺灣野外是否還能看到梅花鹿？現今臺灣政策對於復育梅花鹿有哪些作為？

海裡的魔術師 章魚

章魚不只有八個腕足，還有許多獨門的把戲，讓人看得眼花撩亂。
快找個好位置，一起來觀賞吧！

撰文／翁嘉文

你知道章魚的英文 octopus 和 10 月有關嗎？這件事要從很久以前說起。西元前 44 年左右，依據當時的古羅馬曆法，一年只有十個月，第七至第十個月分的名稱字首，分別採用了拉丁文中的七到十，例如第七個月是 September，septem- 的意思是「七」，第八個月是 October，octo- 是「八」……說到這裡你一定覺得很奇怪，英文課裡明明說 September 是九月，October 是十月，為什麼不一樣？

原來，古羅馬帝國在凱薩大帝登基之後，有大臣認為根據星象，一年應該有 12 個月，於是用凱薩的名字——Julius Caesar，為他的出生月分命名，成為現在所知的 7 月，也就是 July；另一個月分則作為凱薩侄兒屋大維的幸運之月，並根據他的封號「奧古斯都」（Augustus）命名為 August，也就是 8 月。也因為這兩個月分的加入，原來的 7 至 10 月依序往後挪移，成了 9 到 12 月，而 October 也就成了 10 月。

這下子真相大白，原來 10 月和章魚英文名稱的字首 octo-，指的都是「八」！這點出了章魚擁有八隻腳的正字標章，搭配上隨身攜帶的黑色煙霧、伸縮自如的腕足、潛移默化的變色本領等特色，正如 10 月名稱的由來一般讓人摸不著頭緒，堪稱海裡的魔術師！

地球上的外星生物

章魚這位魔術師的身體構造十分特殊，事實上，有些科學家戲稱牠是地球上與人類最不相像的一種生物了！

章魚是屬於頭足綱的軟體動物，頭部直接與八個腕足相連接（雄章魚的其中一條腕足稱為交接腕，專門在交配時使用），頭上具有與人類極度相似（也是唯一一處）、比例卻大得誇張的雙眼，看起來有些像電影中的外星人；軀幹則是緊緊接在頭部之後，沒有明顯的分界，形成軀幹、頭部、八爪相連的結構；而循環系統、生殖系統，還有消化器官等等，則全被包覆在膨大的體腔中——或說是外套膜內（外套膜是相當柔軟而堅韌的肌肉層，厚實的它不僅保護著章魚的內臟、器官，也幫助呼吸作用的進行）。

除此之外，章魚並沒有骨頭，不論內骨骼或外骨骼都沒有，只在頭部與外套膜連接處，留有外殼退化後殘存的錐刺。

章魚擁有三個心臟！牠們利用這三個幫浦

可快速改變皮膚的顏色和質地

全身 90% 是肌肉

章魚每個腕有 240～300 個吸盤

日常生活所用的吸盤，就是從章魚腕足上的吸盤得來的靈感喔！

外套膜

眼

吸盤

腕

漏斗狀開口

推動閉鎖式的血液循環，其中兩個分別致力於將血液擠往兩邊鰓瓣，換取新鮮氧氣，剩下的一個則將充滿氧氣的鮮血注入全身，提高體內供氧程度。

章魚的體型有大有小，目前已知最小的是 1913 年在印度和太平洋一帶發現的窩妃章魚（*Octopus wolfi*），全長大概只有 1.5 公分，比人類的一節指頭還小，體重不到 1 公克；最大一種則是北太平洋巨型章魚（*Enteroctopus dofleini*），體長有 9.1 公尺，大約是三層樓高，體重有 272 公斤，大概是三至四個成年男性的重量。但這僅僅是目前為止的紀錄，也許有更大或更迷你的章魚，等待我們去探索。

魔術師的本領

這些神祕兮兮的章魚魔術師，在海洋中生存，出現在珊瑚礁、深海和海床等不同區

誰說我們沒血沒淚？！

有沒有聽過一句歇後語：「墨賊仔頭，無血無目屎」？這是在形容對方像烏賊一樣不會流血，說他心狠手辣的意思。但真的是這樣嗎？其實，章魚和烏賊這些軟體動物是有血液的！而且是很特別的淡藍色，與人類的紅色鮮血很不一樣。這是因為牠們血液中用來攜帶氧的物質是「血青素」，而不像人類是利用含有鐵質的「血紅素」來攜帶氧氣。此外，由於深海溶氧量較陸地上低，因此章魚演化出三顆心臟，並保持體內高血壓的狀態，來解決低氧的問題。

域。全身軟趴趴又缺乏硬殼保護的牠們，為了躲避掠食者和捕獲獵物，練就了不少本領，包括瞬間移動的魔法、高科技的化學噴霧、軟 Q 的縮「骨」功、精美的偽裝等等，就讓我們一一見識吧！

章魚有
3 顆心臟

所有種類的章魚
唾液都有毒

全身沒有骨頭
即使是大章魚
也能穿過一元硬幣
大小的孔洞

已知的
章魚種類有
300 種

瞬間移動的魔法

　　想在自然界中生存下來，逃躲是很重要的技巧。當章魚察覺掠食者靠近時，會先找隱蔽的地方來躲藏，憑著牠軟 Q 的身軀，使出縮「骨」功，溜進窄小的洞口或鑽進石縫底下。若是沒有遮蔽物，章魚會從外套膜上的孔洞先將水吸入體腔，之後緊閉孔洞，利用位在頭部下方的漏斗狀開口，仔細調整方向，再將水由開口迅速排出體外，造成一股強大的反作用力，幫助章魚往反方向噴射出去——轉眼之間，消失得無影無蹤。

　　若是掠食者已經出現在眼前，來不及往反方向高速離開，牠會擠壓墨囊，使墨汁與水柱一起從漏斗狀開口噴射出去，形成黑色煙幕來干擾敵人，然後趁機開溜。

　　以上兩種方式是章魚最常用的混淆手法，有些種類的章魚噴出的墨汁甚至含有酪氨酸酶一類的化學物質，可使掠食者的嗅覺或味覺暫時受損，好製造空檔逃之夭夭。這獨有的墨汁除了是逃跑必備之外，有些章魚還會充分利用，將它小心翼翼的吐出，當做誘捕獵物的餌，吸引食物自動送上門來。

致命的吸力

　　獵物還沒上門，章魚頭上的八隻腕足已經興奮的蠢蠢欲動著。這些腕足上長滿了兩列肉質吸盤，或大或小約有 240 ～ 300 個。吸盤由厚實的環狀肌肉及結締組織構成，表面具有輻射狀與圓周狀的溝槽及皺褶，吸盤中央圓孔狀漏斗（凹向內）上布滿小突起，讓腕足在用力碰觸到物體的瞬間，能夠將吸盤內的水分及空氣擠壓出去，形成密閉的真空狀態，產生強大吸力，不論是光滑還是粗糙表面，幾乎都可以吸附上去。若是被這樣一股致命的吸力給吸住，要逃脫真是比變魔術還難。難怪有些章魚除了常吃的蝦、蟹、貝類外，還敢越級打怪，挑戰反擊力很強的龍蝦、鯊魚或海鳥等生物做為食物呢！

圖片來源：達志影像

直到目前為止，科學家認為章魚墨汁對於人類來說，以警示意味較多，尚未發現有毒害作用。墨囊就像裝子彈的彈匣，總是有彈盡援絕的時候。一般而言，章魚可以連續向外噴射墨汁六次左右，之後就得休息半小時，等待墨汁再次充飽墨囊，才能重新使用。

抓到獵物後，下一步當然是
送入口中！八隻腕足在靠近頭
部的基部，長有像蹼一般的組
織，將頭足相連，而中央就是
章魚的口部。雖然不具有所謂
的牙齒，卻有個像是鸚鵡嘴喙
的角質顎，可咬開貝類或甲殼
類生物堅硬的外殼；周邊還圍
了一圈銼狀的齒舌，當獵物的
堅硬外殼被突破、防線大開時，
可順勢刮下鮮嫩多汁的肉塊。

所有章魚的唾液都有毒，但只有
藍環章魚的能讓人類致命！

若這些招式都不管用，章魚們還有唾液這項
祕密武器。章魚的唾液含有蛋白質毒素，可
以趁角質顎咬住獵物時，注入獵物體內、使
獵物麻痺，接著就可以慢慢享用了。

有頭腦的八隻「手」

　　光靠章魚的小腦袋瓜，能操控八隻腕足做
出各式動作，也真夠厲害了。但你知道嗎？

控制這八隻腕足的不是章魚腦袋，而是腕足
自己！科學家發現，章魚的每條腕足上具有
大約一萬個神經元，會對腕足下達指令，做
出各種行為。即使切斷腕足與身體連結的主
要神經，腕足依然能像沒受過傷一樣，精準
完成任何動作，包括將食物送進口中。也就
是說，章魚的腕足主要是由周邊神經系統控
制，並不需要透過中樞神經系統的判斷，所

繪圖：HOM 的遊樂園

以它們早已各自為政，章魚根本不知道自己的「手」在做什麼！但這樣要怎麼協調八隻腕足的吸盤？難道不會不小心吸住自己或其他腕足而動彈不得嗎？

科學家認為章魚腕足上的嗅覺及味覺接受器，可以接收皮膚釋放的化學物質，讓吸盤不會吸住自己。但有時也有例外，畢竟不同種章魚或甚至同種章魚之間也會互食，這時中樞神經就會凌駕於周邊神經之上，奪下主控權，讓章魚能以腕足把對方緊緊抓牢。

壯士斷「腕」

除了捕捉獵物之外，腕足還有更驚人的特色。當章魚不幸被掠食者盯上、難以逃脫，或已經被捉住時，牠會拋棄具有再生能力的腕足，讓斷足在海底蠕動，就像蜥蜴斷尾求生一樣，吸引掠食者的目光，此時魔術師便可從被迷惑的掠食者眼前大搖大擺的離開。之後，傷口處的血管會極力收縮，加速斷裂處癒合，讓新腕足重新長回，再度成為一隻完整的八爪章魚。

兩隻「腳」的章魚

此外，章魚也是偽裝大師。科學家曾在印尼熱帶海域發現正在行走的椰子與浮游藻類，探究之下才發現是章魚！這兩位滑稽的偽裝大師分別是瑪京內特斯章魚（*Octopus marginatus*），以及艾庫利艾特斯章魚（*Octopus aculeatus*）。

瑪京內特斯章魚會小心翼翼的將其中六隻腕足向上彎曲，假裝成椰子殼的模樣，只露出後方兩隻腕足在海床上行走；而皮膚布滿乳突、外觀像海藻的艾庫利艾特斯章魚，則是將其中六隻腕足向外延伸，模擬海藻漂浮在水中的模樣，然後用後方的兩隻腕足迅速移動。比起一般用八隻腕足蠕動爬行的章魚，兩隻腕足的移動速度顯然快上許多，而且這樣的偽裝術也確實成功騙過了很多掠食者的眼睛，讓這些掠食者完全忽略美食正從眼前「路過」。

看瑪京內特斯章魚走路的樣子，不得不讓人懷疑，章魚其實是外星人！

圖片來源：達志影像

章魚瞬息萬變的祕密

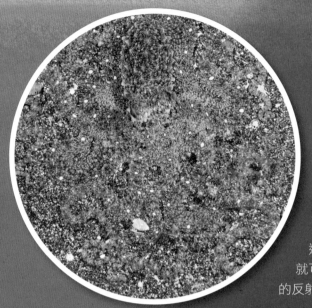

▲看到章魚了嗎？牠可不是變「色」
這麼簡單，還變了「花紋」呢！

章魚控制顏色的細胞共有三層：下層是白色層，由能夠反射可見光的反光蛋白組成；中間是由細胞水平排列而形成的光柵薄層，透過神經訊號的刺激，可以調整細胞厚度及角度，讓光線反射出具金屬光澤的色彩（藍色、綠色、金色）；上層是色素層，由色素體組成，含有多個色素囊，囊內充滿紅色、黑色（棕黑色）或是黃色三種色素之一，形成紅色、黑色或黃色色素細胞。

每個色素囊外圍有環狀肌肉，並連接來自大腦的神經，透過中樞神經的控制，告訴環狀肌肉該收縮或舒張，點狀小囊就可以被拉大或縮小，藉由三種顏色比例不同，以及光柵薄層的反射色彩調節，使章魚皮膚看起來改變了顏色。

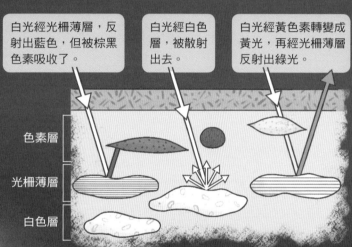

白光經光柵薄層，反射出藍色，但被棕黑色素吸收了。

白光經白色層，被散射出去。

白光經黃色素轉變成黃光，再經光柵薄層反射出綠光。

色素層

光柵薄層

白色層

海中變色龍

章魚和變色龍都擁有令人讚嘆的變色能力，但背後的原理卻大不相同。變色龍是藉著血液循環將賀爾蒙送達皮膚，向皮膚細胞傳達訊息，造成體色的改變，這樣的改變需要花費數秒鐘的時間。然而，章魚是透過神經系統來傳遞訊息，在一秒之內就可以改變體色。

章魚的偽裝還不只如此，為了因應環境，體色的變化還分成合適單一顏色背景的均勻型、合適多種碎石子地區的雜色型，以及適用於大石子或區域性色彩的塊狀型三種。設想之周到，怪不得難以發現牠們的蹤跡。

章魚看似柔弱，但藉著不同的魔術手法，在海洋中撐起自己的一片天。這樣的神祕感給了人類無限遐想，舉凡電影或小說，都可以看見牠的蹤影。期待有一天，人類能夠更進一步了解、保育牠，從牠身上得到更多的啟發！

科

作 者 簡 介

翁嘉文　畢業於臺大動物學研究所，並擔任網路科普社團插畫家。喜歡動物，喜歡海；喜歡將知識簡單化，卻喜歡生物的複雜；用心觀察世界的奧祕，朝科普作家與畫家的目標前進。

繪圖：HOM 的遊樂園

海裡的魔術師——章魚

國中生物教師　江家豪

主題導覽

軟體動物是常見的無脊椎動物，時常出現在人類的餐桌上，身體柔軟不分節是牠們最明顯的特徵，也因此常給人柔弱可欺的印象。多數的軟體動物都有硬殼保護，但章魚所屬的頭足類無疑是當中的異類，牠們在自然環境中的角色，已經從被掠食者變成掠食者，殼的退化讓牠們具備更快的移動速度，在獵食上更具優勢；除此之外，獨特的腕足和高超的偽裝能力，都是牠們賴以生存的法寶。

〈海裡的魔術師——章魚〉介紹了章魚的特殊構造與能力。閱讀完文章後，可以利用「挑戰閱讀王」了解自己對文章的理解程度；「延伸知識」中補充了偽裝、頭足綱與交配腕的相關介紹，可以幫助你更深入的理解章魚的習性、分類與生殖。

關鍵字短文

〈海裡的魔術師——章魚〉文章中提到許多重要的字詞，試著列出幾個你認為最重要的關鍵字，並以一小段文字，將這些關鍵字全部串連起來。例如：

關鍵字：1. 章魚　2. 軟體動物　3. 腕足　4. 殼　5. 偽裝

短文：章魚是軟體動物門頭足綱的成員，身體由上而下依序是軀幹、頭部、腕足。如此獨特的構造在動物界中幾乎是絕無僅有，也因此被戲稱為地球上的外星生物。除此之外，章魚在軟體動物中也是少數沒有殼的異類，全身柔軟的牠看似軟弱，實際上卻擁有許多獨特的能力，例如卓越的偽裝與移動速度等，也難怪能靠著布滿吸盤、靈活的八隻腕足，在海中活動掠食。

關鍵字：1._____ 2._____ 3._____ 4._____ 5._____

短文：_____

_____

_____

挑戰閱讀王

閱讀完〈海裡的魔術師──章魚〉後，請你一起來挑戰以下題組。

答對就能得到👍，奪得 10 個以上，閱讀王就是你！加油！

☆章魚是外形十分獨特的軟體動物，請你試著回答下列有關章魚的問題：

（　　）1.關於章魚的身體構造，下列敘述何者正確？（答對可得到 1 個👍哦！）

　　　　①具有十隻腕足　②能由吸盤分泌毒素

　　　　③腕足直接與頭部相連　④沒有內臟

（　　）2.腕足是章魚重要的運動構造，下列何者並非腕足的功能？（答對可得到 2

　　　　個👍哦！）

　　　　①交配　②掠食　③運動　④呼吸

（　　）3.章魚不具有下列何種構造？（答對可得到 1 個👍哦！）

　　　　①骨骼　②神經　③肌肉　④血液

（　　）4.下列關於章魚種類的描述何者正確？（答對可得到 2 個👍哦！）

　　　　①目前已知的種類約有 3000 種　②目前已知最小的是窩妃章魚

　　　　③目前已知最大的是藍環章魚　④目前已知最毒的是瑪京內特斯章魚

（　　）5.噴墨汁是章魚的獨特能力之一，有關墨汁的敘述何者正確？（答對可得到

　　　　1 個👍哦！）

　　　　①墨汁具有毒性　②墨汁就是章魚的唾液

　　　　③墨汁主要用來避敵　④墨汁由腕足的吸盤釋放

☆軟體動物是生活中常見的無脊椎動物，牠們的種類與數量大概僅次於排名第一的
　節肢動物。身體柔軟不分節是軟體動物最主要的特徵，因此大多具有硬殼保護，
　諸如蝸牛、蛤蜊等都是軟體動物門的成員。這個動物門有三個比較常見的綱，分
　別為用腹部運動的腹足綱（蝸牛、蛞蝓）、運動構造類似斧頭狀的斧足綱（蛤蜊、
　蜆），以及腕足直接連著頭部的頭足綱（章魚、烏賊）。其中頭足綱的殼相對退化，
　因為在演化的路上，牠們已逐漸成為軟體動物中少數兇猛的掠食者了。請根據短
　文，回答下列相關問題：

（　）6.下列關於軟體動物的敘述何者正確？（答對可得到 1 個 👍 哦！）

　　①身體有許多相似體節　②全部都有硬殼保護

　　③分類下只有三個綱　④屬於沒有脊椎骨的動物

（　）7.下列何者不屬於軟體動物？（答對可得到 1 個 👍 哦！）

　　①蝸牛　②烏賊　③蛤蜊　④水母

☆章魚全身上下都十分奇特，只有眼睛構造跟人類的很相似，甚至在設計上比人眼更理想一些。最主要的差異是，負責感光的視網膜與負責傳遞視覺訊息的神經細胞順序不同：章魚的視網膜位在神經細胞之前，接收刺激後可直接將訊息轉給神經細胞；但人類的視網膜在神經細胞之後，所以在傳遞訊息時，視網膜必須讓出一個通道給神經經過，也因此這個地方無法接收光線刺激，成為視覺上的盲點。但除了盲點之外，人類的眼睛還是比章魚更加發達，畢竟根據現有的研究顯示，章魚其實是大色盲，只能概略的分辨明暗而無法分辨色彩，更不用說視力範圍只有幾公尺遠了。請根據短文回答下列問題：

（　）8.關於章魚眼睛的構造，下列敘述何者正確？（答對可得到 1 個 👍 哦！）

　　①視網膜在神經細胞後面　②長在腕足上

　　③和人類眼睛構造相似　④一共有八顆

（　）9.下列關於章魚的視覺描述，何者正確？（答對可得到 2 個 👍 哦！）

　　①無法分辨色彩　②具有盲點

　　③視力範圍達幾十公尺　④無法分辨明暗

延伸知識

1.**偽裝**：是動物用來隱蔽自己身體，或欺騙其他生物的策略。偽裝能力會影響生物的生存機率，不管是被掠食者或掠食者都有偽裝的需求，通常包含了保護色、警戒色與擬態。以章魚來說，可依據環境背景色來改變體色，此為保護色的偽裝；而模仿海藻在海中移動的現象，為擬態的一種。

2.**頭足綱**：為軟體動物門下的一個綱，顧名思義為腳（腕足）長在頭部的四周。現生大約有 600 多種，全為海生的肉食性動物，也是人類餐桌上常出現的食材。又

可細分為十腕目的烏賊、鎖管、花枝和八腕目的章魚等。

3. **交配腕**：為頭足類特化的腕足，用來傳遞精子。交配腕上通常較為平坦、沒有吸盤，而是具有溝槽。雄章魚會將精子打包為精囊，再透過交配腕送入雌章魚的外套膜中，完成交配的過程。

延伸思考

1. 你聽過章魚哥保羅嗎？請查查牠的事蹟，並說明自己是否相信保羅？

2. 海綿寶寶中的章魚哥形象深入人心，請比較一下章魚哥與實際上章魚的樣子，有什麼落差呢？

3. 魚市場常見的頭足類有花枝、烏賊、鎖管、章魚……等，你能區分出來嗎？請自己畫一個簡單的圖鑑來區分這些頭足類動物吧！

食物別碳氣

吃水果會產生溫室氣體？
是怎麼計算的呢？
原來，低碳生活也可以從食物著手喔！

撰文／簡志祥

傳說，一千多年前的唐朝，有個愛吃荔枝的楊貴妃，皇帝為了要討她開心，特別派人從外地運送荔枝到宮裡給貴妃。從哪裡運來呢？有人認為是嶺南一帶——現在的福建、廣東、廣西附近，也有人說是現今的四川。從產地運荔枝到宮裡，得像騎著馬玩接力賽一樣，一站接著一站，日夜不停的運送，據說當時只要五天就能夠送到了，速度差不多是一天運送 200 公里。為何運得這麼急呢？除了貴妃急著想吃之外，當時可沒有什麼冷藏宅配的服務，若不快點送到，荔枝可就會壞掉、變質，說不定還會讓運送員惹上殺身之禍。

貴妃吃進口中的荔枝至少旅行了 1000 公里，這 1000 公里就是荔枝的「食物里程」。食物里程的概念是 1990 年英國學者帕克斯頓（Andrea Paxton）所提出，計算食物從產地旅行到餐桌的距離。

但為什麼要計較這些距離呢？食物的產地愈遠，為了運送，就得消耗愈多的化石燃料，當然也就製造出愈多的溫室氣體。除非你採用唐朝那個時代的方式運送荔枝，派幾十匹馬來接力傳遞，那就不用耗費化石燃料，只要花些糧食住宿費，而人和馬頂多是

圖片來源：Shutterstock

光就體積來說，你可能會猜：「應該是貨車吧！因為是最小的運輸工具！」不過，運輸產生的溫室氣體並不是這樣計算的，專家們計算的公式是每運送一公噸食物一公里所排放出的二氧化碳量。雖然貨車耗油量相對來說較低，但能運送的重量也相對比較少，所以二氧化碳排放量最少的並不是貨車！而是貨輪。

根據《飲食雜誌》（Food Magazine）在 2004 年的報導，每運送一公噸食品一公里，所排放出的二氧化碳量（公克）如下：短程運輸機約為 1580 公克，大型貨車為 63 公克，貨輪則為 10 公克。

從這個例子來看，光是用食物里程來評估食物對環境的衝擊程度，顯然不夠完整，因此我們需要更全面的評估方式，例如：「碳足跡」。

喘氣大口一點，多吐些二氧化碳罷了——想到那些騎士扛著一大簍荔枝騎馬，讓人覺得畫面很有趣，說不定那些騎士心裡頭會想著「如果在長安城邊就有荔枝，那該有多好」。

里程相同，「碳」氣不同

同樣的食物里程所產生的溫室氣體可能不同。為什麼呢？就像開貨車運荔枝，和唐朝人騎馬接力所產生的二氧化碳量不一樣，運輸工具不同，生成的二氧化碳多寡也不同！飛機、貨車和輪船，哪一種運輸工具產生的二氧化碳量最少呢？

什麼是「碳足跡」？

碳足跡是什麼？難不成碳還會走路留下腳印嗎？這和環境衝擊又有什麼關係？

其實，這裡的「碳」指的是溫室氣體的碳，碳足跡是產品的整個生命週期過程中，所直接與間接產生的溫室氣體排放量。聽起來很複雜是嗎？我們舉個例子吧！

如果楊貴妃住在現代的臺北，她心愛的荔枝是產自屏東內埔的玉荷包荔枝，想想看，這些玉荷包荔枝從產地到餐桌，會產生多少溫室氣體？

「荔枝不是植物嗎？可以行光合作用不是

嗎？應該是會吸收二氧化碳，哪會產生溫室氣體？」

但沒有這麼簡單，種荔枝要不要施肥？要不要撒農藥？肥料工廠生產肥料會不會產生溫室氣體？在生產的環節中，即使荔枝樹能行光合作用，但施加在樹身上的農藥和肥料，其實會間接產生溫室氣體。

第二個環節是運輸。讓我們再想想，臺北的貴妃是怎麼吃到荔枝？當荔枝成熟後，果農採收完荔枝，得先迅速降溫並保溫，維持荔枝的美麗外觀及新鮮口感，之後交給採購的盤商，然後盤商將荔枝裝載在貨車上，藉由高速公路一路奔馳到臺北的果菜市場，運送過程中也得注意要低溫保存。

接著，貴妃家附近的水果行派人去果菜市場採購荔枝，再將這些荔枝整理後放在自家的展示臺上。貴妃的媽媽騎著摩托車到了水果行，拿了一個臺灣特產的紅白塑膠袋，精挑細

繪圖：HOM 的遊樂園

走過必留下碳足跡

下圖以稻米為例子，
看看平日吃下的米留下了哪些碳足跡吧！

CO_2 CO_2 CO_2 CO_2

稻米的培植 ＋ 採收後運送 ＋ 工廠加工 ＋ 產品運送 ＋

選了三斤 100 元的荔枝，結了帳，騎上車回到家，再把荔枝放入冰箱裡。數個小時後，冰涼可口的荔枝上桌了，貴妃吃得笑呵呵！

步步都是溫室氣體

以上的過程中，你看到溫室氣體正在噗噗噗的產生嗎？關鍵一就在交通工具，無論是載送荔枝的貨車，或是貴妃媽媽的摩托車，都是溫室氣體的產生器。而關鍵二，就是低溫保存，想當然爾，這也會耗費化石燃料。此外還有一個關鍵，那就是紅白塑膠袋！塑膠袋來自石油，產製的過程必然會產生溫室氣體。

但荔枝的碳足跡還沒完呢！雖然貴妃愛吃荔枝，但她可不會愛吃到把殼和籽都吞進肚裡。而倒進垃圾桶的果皮和果核，將來無論是送到焚化爐燒掉或是掩埋，都會進一步產生溫室氣體。

一般常認為「有煙囪才有汙染」，不過從碳足跡的觀念思考，我們曉得就算沒煙囪，也可能產生汙染。無論是吃的食物或是使用的器具，它們的「一輩子」——從原料取得、生產、運輸配銷到廢棄處置等過程，都會產生溫室氣

食物或其他產品在生產、運輸等過程中排出的二氧化碳，都會算進該產品的碳足跡裡。

店鋪上架販售　　　烹調料理　　　廚餘的處理　　　產品的 CO_2 總排放量

▲這項產品的二氧化碳總排放量為 280 公克。

碳足跡標籤

內有碳足跡數字及計量單位,即產品生命週期中所消耗的物質和能源,換算成的二氧化碳總排放量。

綠葉,代表健康環保

體。如果臺北貴妃在夏天不只想吃荔枝,還想吃冬天盛產的草莓,或是想吃美國空運來臺的櫻桃,那麼碳足跡的計算要再加上更多因為冷藏或運輸而產生的溫室氣體!

選擇友善環境的產品

在全球化的食物供給系統中,我們一年四季都能享用不同產地的食物。光是一個漢堡裡頭的成分──小麥、芝麻、生菜、牛肉、起司、番茄等,不只產地的氣候不同,就連產季也不太一樣。讓不同季節、不同產地的農產品集中在一起的過程,會讓碳足跡和食物里程隨之快速增加。

那麼該怎麼選擇對環境友善的食物呢?有兩個重點:選擇在地食材和當季食材。使用在地食材,可以縮短食物里程,減少跨國、跨洲的遠距離運輸,降低對石油的依賴而減少溫室氣體排放量。而選擇當季食材,可以減少肥料及農藥的施用,也可以降低生產非當季食材所需的額外用水,以及冷藏、保溫

等所消耗的能源。此外,處理廢棄物時,也要盡量減少產生垃圾,因為焚化或掩埋都會增加溫室氣體。

除了食物之外,其他產品或是服務也各有自己的碳足跡。環保署制定了碳標籤制度,鼓勵廠商分析產品的碳足跡,並在產品上貼上碳足跡標籤。目前能看到碳標籤的產品,從外套、長褲、飲料、熱水器、奶瓶、甚至到地磚都有。我們可以優先選購具有碳標籤的產品,支持廠商公開更多產品的碳足跡。坊間也有一些關於碳足跡的 APP 可以下載使用,計算居家生活或交通等的碳排放量。

當我們採用碳足跡的概念,將產品、個人或企業活動的相關溫室氣體排放量納入考量時,才能真正邁向低碳生活。 ㊉

簡志祥 新竹市光華國中生物老師,以「阿簡生物筆記」部落格聞名,對什麼都很有興趣,除了生物,也熱中於 DIY 或改造電子產品。

圖片來源:行政院環境保護署

食物別「碳」氣

國中生物教師　謝璇瑩

主題導覽

你是否想過，光是選購不同的食物和產品，就能對「減碳」盡一份力？計算食物里程，可以大致了解運輸食物產生的溫室氣體有多少，但是透過碳足跡，更可以協助我們全面評估，不同產品從生產到廢棄的過程中，到底製造了多少溫室氣體。

〈食物別「碳」氣〉告訴我們食物里程的意義與不足之處，並介紹了「碳足跡」——這是用來評估溫室氣體排放量更全面的工具。閱讀完文章後，可以利用「挑戰閱讀王」了解自己對文章的理解程度；「延伸知識」中補充了巴黎協定、碳交易，以及碳的捕集和封存，可以幫助你更深入的理解減碳相關知識。

關鍵字短文

〈食物別「碳」氣〉文章中提到許多重要的字詞，試著列出幾個你認為最重要的關鍵字，並以一小段文字，將這些關鍵字全部串連起來。例如：

關鍵字：1. 食物里程　2. 碳足跡　3. 溫室氣體　4. 碳標籤　5. 環境友善

短文：食物里程是指食物從生產地到消費者購買地之間的運送距離，可以用來了解食物運送過程產生的溫室氣體對環境的影響。但是使用碳足跡，可以更全面了解一項產品對環境的衝擊。碳足跡的計算涵蓋了產品的「一生」，從原料取得、生產、運輸到廢棄，所生成的溫室氣體。我們可以選擇環境友善的食物、具有碳標籤的產品，進一步過低碳生活。

關鍵字：1.＿＿＿＿＿ 2.＿＿＿＿＿ 3.＿＿＿＿＿ 4.＿＿＿＿＿ 5.＿＿＿＿＿

短文：＿＿＿＿＿＿＿＿＿＿＿＿＿＿＿＿＿＿＿＿＿＿＿＿＿＿＿＿＿＿＿＿

＿＿＿＿＿＿＿＿＿＿＿＿＿＿＿＿＿＿＿＿＿＿＿＿＿＿＿＿＿＿＿＿＿＿＿＿＿

＿＿＿＿＿＿＿＿＿＿＿＿＿＿＿＿＿＿＿＿＿＿＿＿＿＿＿＿＿＿＿＿＿＿＿＿＿

＿＿＿＿＿＿＿＿＿＿＿＿＿＿＿＿＿＿＿＿＿＿＿＿＿＿＿＿＿＿＿＿＿＿＿＿＿

挑戰閱讀王

閱讀完〈食物別「碳」氣〉後，請你一起來挑戰以下題組。

答對就能得到👍，奪得 10 個以上，閱讀王就是你！加油！

☆英國學者帕克斯頓提出食物里程的概念，用來估算食物對環境衝擊的程度。請你
　試著回答下列有關食物里程的問題：

（　　）1. 下列何者是「食物里程」的定義？（答對可得到 1 個👍哦！）

　　　　　①生產食物消耗的化石燃料量　②運送食物消耗的化石燃料量

　　　　　③運送食物所產生的溫室氣體量　④食物從產地到餐桌的旅行距離

（　　）2. 下列何種運輸工具在相同的食物里程中，會產生最多的二氧化碳？（答對
　　　　　可得到 1 個👍哦！）

　　　　　①貨車

　　　　　②輪船

　　　　　③飛機

　　　　　④只要食物里程相同，不同運輸工具產生的二氧化碳量就會相同

（　　）3. 下列食物中何者的食物里程「最低」？（答對可得到 1 個👍哦！）

　　　　　①日本進口的水蜜桃　②種在自家陽台的蔬菜

　　　　　③宜蘭生產的三星蔥　④美國進口的蘋果

☆利用食物里程還無法完整呈現食物生產、運輸等過程對環境的衝擊，於是我們試
　著利用更全面的「碳足跡」來評估食物對環境的影響。請回答下列有關碳足跡的
　問題：

（　　）4. 請問碳足跡中的「碳」是指下列何者？（答對可得到 1 個👍哦！）

　　　　　①溫室氣體的碳　②化石燃料中所含的碳

　　　　　③有機分子中的碳　④週期表中的碳元素

（　　）5. 下列食物從產地到餐桌的哪一個過程中，會產生碳足跡？（答對可得到 1
　　　　　個👍哦！）

　　　　　①生產食物　②運送食物　③販售食物　④以上皆是。

（　　）6.下列關於荔枝栽培與銷售的碳足跡，哪一項敘述是錯誤的？（答對可得到
　　　　2個👍哦！）
　　　　①荔枝生長時進行光合作用，不會產生碳足跡
　　　　②低溫運送荔枝會產生更多碳足跡
　　　　③包裝荔枝的塑膠袋是碳足跡的來源之一
　　　　④處理荔枝廢棄果皮的過程會產生碳足跡

☆市面上有些產品具有「碳足跡標籤」，標示產品的碳足跡，讓消費者可以根據碳
　　足跡標籤選購物品。請回答下列有關碳足跡標籤的問題：

（　　）7.碳足跡標籤上的數字，是指這項產品生產過程中何種物質的排放量？（答
　　　　對可得到1個👍哦！）
　　　　①甲烷　②二氧化碳　③氟氯碳化物　④氮氧化物

（　　）8.碳標籤上計算碳排放量的數值，使用的單位為下列何者？（答對可得到1
　　　　個👍哦！）
　　　　①毫克　②毫升　③公克　④公噸

☆為了減少碳足跡，我們應該選擇環境友善的產品。請你回答下列問題，測試一下
　　你是否知道如何過「環境友善」的生活。

（　　）9.芬芬去超市買菜，請問考慮到環境友善，她應該選擇下列哪項食材？（答
　　　　對可得到1個👍哦！）
　　　　①在溫室培育的蔬菜　②當季盛產的水果
　　　　③進口的肉品　④多層包裝以保鮮的水果

（　　）10.下列何者不是減少居家生活碳足跡的方式？（答對可得到1個👍哦！）
　　　　①選購具有碳標籤的產品　②減少廢棄物產生
　　　　③選購食物里程較短的食材　④使用一次性餐具

延伸知識

1. **巴黎協定**：由聯合國成員國在 2015 年聯合國氣候峰會通過的氣候協議，希望能藉由各國共同努力，減少排放溫室氣體，將全球的升溫幅度控制在不高於工業革命前均溫 2℃。

2. **碳交易**：為了減少全球溫室氣體排放，採用市場建立的溫室氣體排放權交易。鼓勵排出較少溫室氣體的企業，將排碳的配額出售給碳排放量較高的企業，希望藉此達成減少整體碳排放的目標。著名的電動車製造廠商——特斯拉，有一部分盈利就來自於出售碳排放額度給其他企業。

3. **碳捕存（碳捕集與封存）**：利用科技收集人為產生的二氧化碳（碳捕集），並將這些二氧化碳運送到合適的儲存地點儲存（碳封存），以避免這些二氧化碳進入大氣而加重地球的溫室效應。碳捕存可能是目前減少大氣中溫室氣體的有效方法之一。

延伸思考

1. 檢視你一天的消費足跡，想一想，每個消費的決定可以怎樣改變，以達到環境友善的目標？你可以先列出一天的消費內容，再將可能的「減碳」做法列在旁邊。

2. 聯合國成員國在 2015 年簽訂《巴黎協定》，希望可以共同努力達成減少溫室氣體排放的目標。直至今日，《巴黎協定》的成效如何呢？請上網搜尋相關新聞，了解這個協定訂定以來，各國遭遇了哪些困難，又取得了哪些成果？

3. 你認為利用「碳交易」來減少溫室氣體的整體排放量可行嗎？請上網搜尋關於碳交易的相關內容，提出你對「碳交易」是否有助於減少溫室氣體排放的看法。

啪啪啪！夏日揍鳴曲 蚊子

「嗡～」「啪！」
這應該是夏日最常聽到的「節奏」了。
煩人的蚊子不只會在耳邊嗡嗡騷擾，
還在露出的手腳叮上一顆顆又紅又癢的紅豆冰，
到底有什麼好用的滅蚊絕招呢？
先來了解有關蚊子的情報，準備好你的作戰守則吧！

撰文／翁嘉文

嗡～
隨我來～

嗡，嗡，嗡，這不是春天辛勤的蜜蜂，而是為了熱情的夏天而摩拳擦掌的紅豆冰小販──蚊子。蚊子雖然不像蟑螂、蜘蛛會惹得你驚聲尖叫，但若是做個「不要靠近我之昆蟲排行榜」，相信牠一定也能夠名列前矛，因為被蚊子咬不只會讓皮膚又刺又癢，有些蚊子還是疾病的傳染源，讓人不得不小心謹慎。

當你面對擾人的蚊子，決定來個正面迎擊，看準蚊子飛行的路線，「啪！」的一聲讓牠在你手中安息時，是否曾經花點時間觀察過手上的蚊子？牠長得跟野外的蚊子是否一樣？只有雌蚊會吸血是真的嗎？雌蚊、雄蚊又該怎麼分辨呢？

另外，坊間推出的防蚊產品琳瑯滿目，像是防蚊液、捕蚊燈等等，甚至常常可看到有人分享自家的「抗蚊祖傳祕方」，到底哪個比較有效果？又為什麼有效呢？

為了避免成為「紅豆冰最佳代言人」，抗蚊大作戰絕對勢在必行！俗話說「知己知彼，百戰百勝」，作戰之前，不可不了解一下對方的情報，就讓我們來一窺蚊子的究竟，並擬定抗敵對策吧！

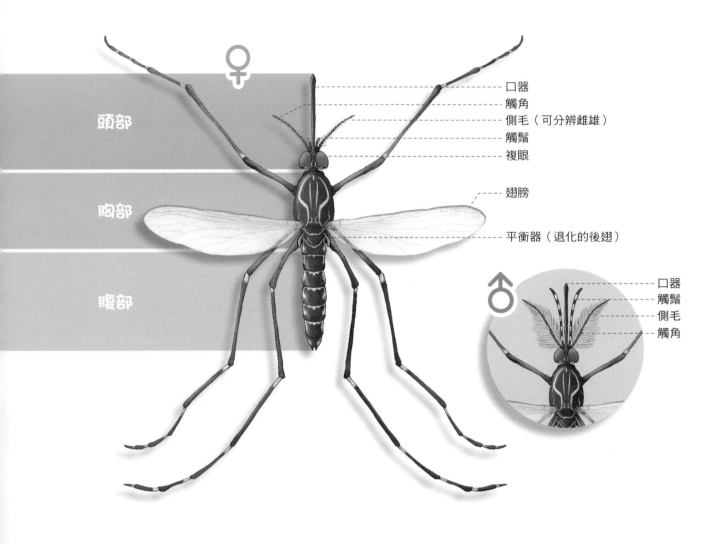

頭部

胸部

腹部

♀

口器
觸角
側毛（可分辨雌雄）
觸鬚
複眼

翅膀

平衡器（退化的後翅）

♂

口器
觸鬚
側毛
觸角

作戰守則一：鎖定目標！

根據統計，全球約有 3000 種不同的蚊子種類，臺灣約有 131 種。蚊子的體長只有 0.6 ～ 1.2 公分，且多是深棕色或黑褐色。跟其他昆蟲一樣，蚊子也分為頭部、胸部及腹部三個體節，另外牠們也有三對細長的腳，以及具有鱗片、利於飛行的一對前翅，與已經退化做為平衡之用的後翅。

蚊子的頭部是牠最主要的偵察系統，包括視覺、聽覺及化學接受器等，都位在頭部。

兩隻複眼負責視覺，頭部前端的一對觸角上具有化學感受器，可以感受空氣中的二氧化碳或乳酸等分子；聽覺則是透過觸角上的側毛。雄蚊的側毛呈羽狀長毛，可以用來發出低頻嗡嗡聲，找到愛侶交配；雌蚊的側毛僅具有稀疏短毛，這也是科學家在辨別蚊子雌雄時的準則之一。

除了偵查外，頭部當然也具有蚊子大軍的主要攻擊武器，嘴巴部位向外延伸出口器，雌雄口器外觀明顯不同，作用也不一樣。雄

蚊以花蜜或樹液為食，口器末端具有毛叢；雌蚊以其他動物的血液為食，口器是針般的天線狀。也就是說，滅蚊對象是雌蚊而非雄蚊，不要搞錯了唷！

頭部以外，蚊子的胸部是牠們的生命、行動力來源，翅膀、六條細長腿和心臟都位在這個體節中，且這部分的肌肉也較為發達，利於飛行。其他像是消化或排泄器官等，則位於蚊子的腹部。

作戰守則二：透視生命週期！

要澈底滅蚊，了解蚊子的生命週期是必須的。蚊子會經歷卵、幼蟲、蛹、成蟲四種時期，屬於完全變態昆蟲。

雌蚊一生只需要交配一次，就可終身產下受精卵！懷孕的雌蚊會尋找各式水源，像是水灘、大小容器、排水溝等不太流動的水，在水面產下半透明、長條管狀的蟲卵。雌蚊一次可以產下約 200 顆卵，這些蟲卵的眼睛部分較為鮮明，牠們可能單獨存在，也可能在水面聚成一小群落。未孵化的蟲卵有大約五年的「保鮮期」，在寒冬下也能存活，一直到春暖花開時再行孵化。

由蟲卵孵化的幼蟲，稱為孑孓，浮在水面生活，靠著吃水中的微生物維生，並透過接在水面、位於尾端的虹吸小管吸取空氣呼吸；但若是遭受打擾，像是為了躲避獵食者捕食，孑孓也可以下潛藏入水中。蚊子幼蟲會依照生理成長與發育狀態，歷經幾次蛻皮之後停止進食，然後化為蟲蛹。

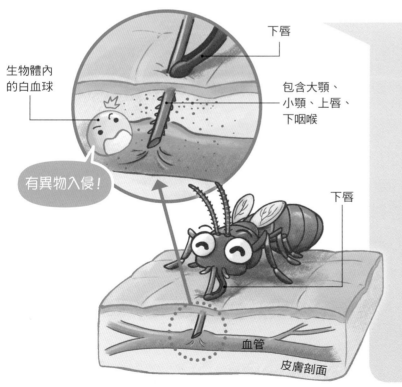

生物體內的白血球

下唇

包含大顎、小顎、上唇、下咽喉

有異物入侵！

下唇

血管

皮膚剖面

多功能複合吸管

雌蚊的口器看似堅硬，但其實是「時而剛強時而柔軟」，由一對大顎、一對小顎、上唇、下咽喉和包裹它們的「下唇」所組成。當蚊子吸血時，下唇會留在生物體外，其他部位則深入生物體中尋找血管。一開始，小顎和大顎負責切開皮膚，讓口器刺入，接著，扮演麻醉、抗凝血針頭的下咽喉與負責吸血的上唇深入生物體內，等找到合適的血管才真正開始用力吸血，直到進入腸道的血液撐脹腹部，壓迫到體壁的伸縮接受器，雌蚊才會停止吸血。

幼蟲化蛹後，依舊浮在水面上，透過末端的兩個小管來呼吸。這個時期的蚊子不需要進食，但仍然具有一定的活動能力，一旦遭遇危險或干擾，牠們會迅速潛入水中，待安全才又回至水面。依照水溫的不同，蛹期為一兩天或數天不等，蚊子在蛹室的保護下，慢慢發育成熟。

成蟲發育完全後，會利用空氣壓力將蛹室破壞，再慢慢爬出至水面上，這稱為「羽化」。剛從蛹室出來的成蟲外骨骼仍然相當柔軟，牠會停留在安全區域好一陣子，等外骨骼與翅膀乾燥後，便進入下一階段執行任務，也就是尋找伴侶、傳宗接代，孕育下一個生命旅程。羽化後的蚊子通常在兩到三天內會進行交配，雄蚊多在交配後幾天即死亡，雌蚊則可生存數天至數星期之久，實驗

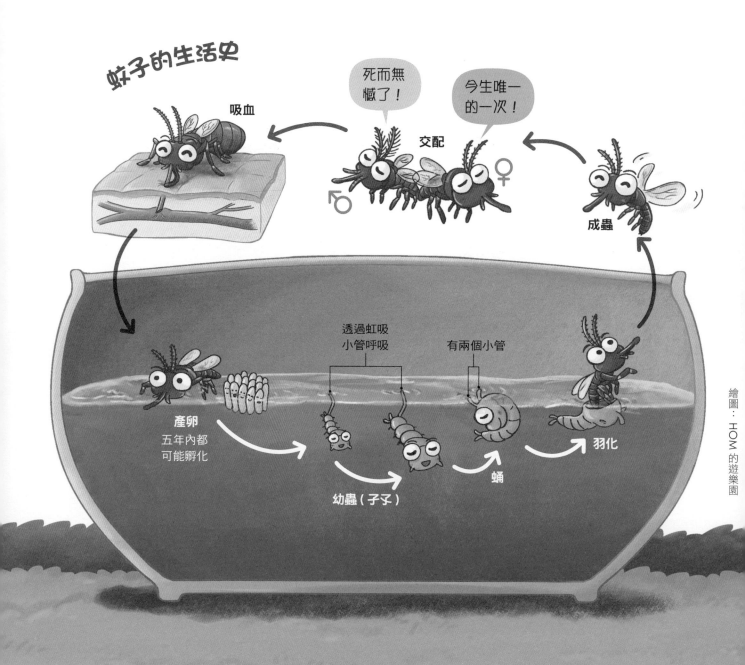

蚊子的生活史

吸血

死而無憾了！

今生唯一的一次！

交配

♂ ♀

成蟲

透過虹吸小管呼吸

有兩個小管

產卵
五年內都可能孵化

幼蟲（孑孓）

蛹

羽化

繪圖：HOM 的遊樂園

室裡養尊處優的蚊子，有時甚至可活上一個月呢！

蚊子的飛行速度大約每小時 1.5 ～ 2.5 公里，每次可飛行 4 分鐘左右，且飛行時翅膀振動頻率高達每秒 600 次；這樣的高速振動發出的聲響，就是我們聽到的嗡嗡聲。

作戰守則三：

避免成為蚊子眼中「叮」！

了解蚊子的構造與生命週期後，再來要找出蚊子如何覓食。科學家發現，蚊子可透過幾項因子發現可口的大餐：二氧化碳、乳酸以及體溫。

如同先前的介紹，蚊子觸角上具有化學感受器，能夠在幾十公尺遠的距離外就偵測到動物身上的二氧化碳蹤跡，進而鎖定獵物位置；之後再藉由另一組可以感受乳酸或是體溫的神經接受器，逐漸趨近獵物。因此我們最容易吸引蚊子前來叮咬的，就是有黏膩汗水味道的地方，或是噴有髮雕、香水等容易產生類似乳酸氣味的部位，以及體溫較高的位置，好比腳底、肩頸、臉部等。

除此之外，身上的服裝顏色若是太過暗沉，對近距離的蚊子而言也是另一種無法抗

只有雌蚊會吸血？

這是因為雌蚊需要透過其他物種的血液，獲取生產下一代所需要的蛋白質，若是缺乏血液補充蛋白質，蚊子的生育率會大幅降低。但因為吸血的風險很高，所以雌蚊通常是在每一次產卵前，一次將血吸飽。

拒的誘因，倘若你又剛好在進行大量活動，這簡直就像在昭告蚊子大軍「美味的小鮮肉在這兒走過，請千萬不要錯過！」這樣犧牲的活招牌，還是不要當的好！

選擇可以包裹住肌膚的卡其色、米色等長袖衣物，保持身體清潔，在戶外活動時避免使用髮雕和香水，才是避免成為蚊子眼中「叮」的好方式！

作戰守則四：進可攻，退可守

除了藉由服裝顏色與身體氣味自我保護外，還可以透過對蚊子生活史的了解，杜絕蚊蟲出現在住家周遭。居家環境的維持，絕對是防衛戰的一大重點。像是住家路邊的溝渠、造景池塘、盆栽、廢棄輪胎、容器或雨後水窪等等地方，都會是雌蚊的絕佳產房；雜亂不常整理的植物庭園或是

堆放廢棄物的處所，也很容易成為蚊子的藏匿地點。因此，有水的容器或容易積水的所有物品，都應倒立放置或定期清洗，較為潮濕的小角落也應加強清掃，才不會讓自己的生活圈意外成為孳生蚊蟲的處所。

除去蚊蟲產房之外，使用蚊帳、蚊香或是驅蚊劑，抑或種植香茅等具有驅蚊作用的植物，也是可以採取的防衛措施。但要注意的是，使用驅蚊劑時必須小心閱讀使用說明，避開眼睛、嘴巴、受傷的患部，使用在兒童身上時尤其要更加小心使用方式與劑量，才

不會防蚊不成，反倒傷害自己。

比較特別的是，近十年來科學家陸續提出新穎的滅蚊方法，像是利用電子儀器發出只有蚊子才聽得到的超音波驅趕蚊子，或是利用基因工程的技術，大量釋放不孕的雄蚊，讓牠與會吸血的野外雌蚊交配，產下不具生殖能力的後代，藉此減低能夠傳染疾病的蚊子數量。然而，不管這些方法的成效為何，依照蚊子遍布世界且產力驚人的情況來看，現階段要完全滅蚊，真是不可能的任務，而且也是不應該貿然進行的任務。畢竟蚊子是

臺灣常見的
蚊子與疾病

這些是臺灣常見的蚊子，有些還會傳染疾病，就請你們人類多多保重囉！

熱帶家蚊（Culex quinquefasciatus）

熱帶家蚊是住家最常見的蚊子，數量很多且分布廣泛，根據臺灣環境有害生物管理協會記載，臺北市住宅內的蚊子種類，熱帶家蚊就占了 96% 以上。牠們可孳生於任何積水之中，含有豐富腐植質的水溝、化糞池或人工容器更是深受牠們喜愛。熱帶家蚊常棲息於屋內陰暗角落或水溝邊、草叢中，在黃昏或黎明之際，雄蚊會成群結隊飛舞，引誘雌蚊前來交配，待交配後，雌蚊便飛往屋內，搜尋下手目標。

三斑家蚊（Culex tritaeniorhynchus）

三斑家蚊是日本腦炎的主要傳播媒介。口器基部具有黃斑，常在水田、池塘、小溪溝等處活動。較喜好豬、牛等動物的血液，其次才是人類。三斑家蚊屬室外棲息的蚊蟲種類，因此飽餐之後多在受害目標附近棲息，很少進入住家內。

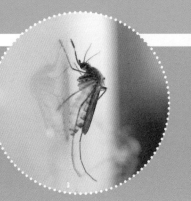

繪圖：HOM 的遊樂園・圖片來源：蔡坤憲

整個生態系統的一部分，若是蚊子真的滅絕了，會造成什麼樣的影響，現在科學家還無法完全了解。

在此之前，讓我們知敵以克敵，和蚊子和平共處吧！⑭

作者簡介

翁嘉文　畢業於臺大動物學研究所，並擔任網路科普社團插畫家。喜歡動物，喜歡海；喜歡將知識簡單化，卻喜歡生物的複雜；用心觀察世界的奧祕，朝科普作家與畫家的目標前進。

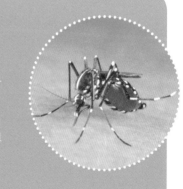

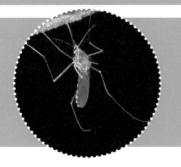

不是只愛吃人血！

不同的蚊子對於食物各有喜好，並不是所有種類的蚊子都喜歡叮咬人類。有學者指出，有些家蚊也喜歡叮鳥，微小瘧蚊則對牛隻情有獨鍾，青蛙和烏龜也都可能成為蚊子的吸血目標。

蚊子叮怎麼這麼癢？

這是因為蚊子吸血用餐後會留下「口水」的緣故。當雌蚊叮咬時，下咽喉會吐出含有麻醉、抗凝血效果蛋白質的唾液，這些蛋白質喚醒你身體內的免疫反應，於是出現紅、腫、痛、癢等症狀，隨著每個人體質不同，有人的受傷部位腫脹會較明顯、維持較久，但多半兩天左右就會消失；但是癢的感覺會持續好一陣子，直到蚊子留下的蛋白質被你的免疫細胞清除乾淨。

圖片來源：蔡坤憲（埃及斑蚊）；攝影：嘎嘎（白線斑蚊、白腹叢蚊）

埃及斑蚊（*Aedes aegypti*）與白線斑蚊（*Aedes albopictus*）

這兩種蚊蟲都是典型登革熱的傳染媒介，埃及斑蚊更是該為出血型登革熱負上最大責任。埃及斑蚊（左圖）分布於臺灣北緯23度以南；白線斑蚊（右圖）則廣泛分布於全島。埃及斑蚊主要為室內棲息種類，喜好人血，較常在水缸、廢輪胎、水盤、廢容器等處生活；白線斑蚊則主要棲息室外，人血與動物血都喜歡，除了人類居家容器外，樹洞等處也是牠的生活範圍。

白腹叢蚊（*Armigeres subalbatus*）

白腹叢蚊的成蟲比家蚊類來得大，且口器也較大，末端稍微彎曲；胸甲背部周圍呈現淡色；各個腹節背面為黑色，腹面各節前方則具白色橫紋。喜歡躲藏於化糞池、尿桶、豬舍的廢水中。

啪啪啪！夏日「揍」鳴曲──蚊子

國中生物教師　謝璇瑩

主題導覽

夏天是蚊子活躍的季節。你想過蚊子為什麼要吸血嗎？牠們如何找到可以吸血的對象？為什麼在蚊子吸血之後，我們的皮膚會發癢呢？怎樣做才可以避免被蚊子吸血，或進一步的消滅蚊子呢？

〈啪啪啪！夏日「揍」鳴曲──蚊子〉介紹了蚊子的結構和生活史，也一一回答了上述各個問題。閱讀完文章後，可以利用「挑戰閱讀王」來了解自己對文章的理解程度；「延伸知識」中補充了登革熱、氣候變遷與蚊子及大蚊的簡單介紹，可以幫助你更深入的理解本篇文章的內容！

關鍵字短文

〈啪啪啪！夏日「揍」鳴曲──蚊子〉文章中提到許多重要的字詞，試著列出幾個你認為最重要的關鍵字，並以一小段文字，將這些關鍵字全部串連起來。例如：

關鍵字：1. 昆蟲　2. 口器　3. 化學感受器　4. 生活史　5. 傳染病

短文：蚊子是許多傳染病的媒介昆蟲。雌蚊能用頭部觸角上的化學感受器偵測空氣中的二氧化碳、乳酸或體溫，藉此找到叮咬的對象，再利用特化的口器刺入生物體內吸取血液。我們要了解蚊子的習性和生活史，才能有效防蚊，並降低罹患被蚊子感染疾病的機會。

關鍵字：1.＿＿＿＿　2.＿＿＿＿　3.＿＿＿＿　4.＿＿＿＿　5.＿＿＿＿

短文：＿＿＿＿＿＿＿＿＿＿＿＿＿＿＿＿＿＿＿＿＿＿＿＿＿＿＿＿＿

＿＿＿＿＿＿＿＿＿＿＿＿＿＿＿＿＿＿＿＿＿＿＿＿＿＿＿＿＿＿＿＿

＿＿＿＿＿＿＿＿＿＿＿＿＿＿＿＿＿＿＿＿＿＿＿＿＿＿＿＿＿＿＿＿

＿＿＿＿＿＿＿＿＿＿＿＿＿＿＿＿＿＿＿＿＿＿＿＿＿＿＿＿＿＿＿＿

＿＿＿＿＿＿＿＿＿＿＿＿＿＿＿＿＿＿＿＿＿＿＿＿＿＿＿＿＿＿＿＿

挑戰閱讀王

閱讀完〈啪啪啪！夏日「揍」鳴曲──蚊子〉後，請你一起來挑戰以下題組。

答對就能得到👍，奪得 10 個以上，閱讀王就是你！加油！

☆我們常見的蚊子，分類上屬於昆蟲綱雙翅目蚊科。蚊科中大多數種類的雄蚊僅以
植物汁液為食，會吸取其他生物血液的則是雌蚊。請你回答下列有關蚊子的問題：

（　）1.關於蚊子外觀構造的描述，下列何者正確？（答對可得到 1 個👍哦！）
　　　　①身體分為頭胸部及腹部　②後翅已完全退化消失
　　　　③前翅不具鱗片　④雌蚊和雄蚊觸角上的側毛形態不同

（　）2.蚊子可偵測外界環境的變化，做出相對的反應。請問關於蚊子的感官，下
　　　　列敘述何者錯誤？（答對可得到 2 個👍哦！）
　　　　①複眼位於頭部　②觸角上具有化學感受器
　　　　③利用側毛偵測空氣中的乳酸　④蚊子具有聽覺

（　）3.關於雌蚊口器的敘述，下列何者正確？（答對可得到 1 個👍哦！）
　　　　①可穿透動物表皮，吸食動物體液　②不用時可捲曲在頭部下方
　　　　③僅由大顎、小顎兩部位組成　④口器末端具有毛叢

（　）4.蚊子叮咬可使人體產生免疫反應，引起紅、腫、痛、癢等症狀。請問引發
　　　　此種反應的主要原因是下列何者？（答對可得到 1 個👍哦！）
　　　　①因雌蚊口器刺穿皮膚引發　②雌蚊唾液中蛋白質物質引發
　　　　③雌蚊吸血使血液減少引起　④白血球破壞雌蚊口器時引發

☆昆蟲從出生到成蟲，形態會發生多次改變，這稱為「變態」。我們可以依據昆蟲
形態改變的情形，將昆蟲的生活史分為完全變態、不完全變態和無變態三種類型。
關於蚊子的一生，請你回答下列問題：

（　）5.登革熱是臺灣常見的蚊蟲傳染病，每到夏日都會有「巡、倒、清、刷」來
　　　　防治登革熱的宣導，以減少適合雌蚊產卵及孑孓發育的場所。關於雌蚊產
　　　　卵的敘述，下列何者正確？（答對可得到 1 個👍哦！）
　　　　①雌蚊偏好在清澈流動的水域產卵

②雌蚊一次可以產下約 20 顆卵

③雌蚊一生只需交配一次就可以終身產卵

④未孵化的蚊子卵三個月內就會死亡

（　）6.關於蚊子的生長發育，下列敘述何者正確？（答對可得到 2 個👍哦！）

　　　①蚊子為完全變態昆蟲　②幼蟲沉在水底生活

　　　③蛹期需要大量進食以補充營養　④雌蚊交配後幾天就會死亡

☆科學家的研究發現，對於尋找叮咬對象的蚊子來說，與叮咬目標距離遠時，蚊子
　偵測的是二氧化碳，但與叮咬目標距離拉近以後，較高的體溫、乳酸的氣味和相
　對較暗沉的顏色，都容易吸引蚊子前來叮咬。請你回答下列關於蚊子如何感知叮
　咬目標的問題：

（　）7.蚊子利用下列何種構造，感知叮咬目標排出的二氧化碳？（答對可得到 1
　　　個👍哦！）

　　　①前翅上的鱗片　②觸角上的側毛

　　　③口器末端的毛叢　④觸角上的化學感受器

（　）8.網路上有人利用對切的寶特瓶，加入糖、水和酵母菌後，做成 DIY 捕蚊器。
　　　根據你對蚊子如何選擇叮咬目標的認識，你認為下列哪個做法可以增進此
　　　捕蚊器的效果？（答對可得到 2 個👍哦！）

　　　①將捕蚊器放在可以照射到陽光的地方

　　　②利用可透光的寶特瓶製作捕蚊器

　　　③用深色紙包裹捕蚊器

　　　④將捕蚊器放在通風處

延伸知識

1.**登革熱**：登革熱是由病毒引起的傳染病，這種病毒經由蚊子叮咬傳播，主要的症
　狀包括發燒、出疹、肌肉痛和關節痛等，又稱為「斷骨熱」或「天狗熱」。目前
　沒有特效藥可供治療，患病以症狀治療為主，或是減少環境中適合蚊子孳生的處
　所來預防疾病。現已研發出登革熱疫苗，但是在施打過程中發現，不曾罹患過登

革熱的接種者，反而可能增加患病的風險，因此世界衛生組織現只在登革熱流行區推行施打登革熱疫苗。

2. **蚊子與氣候變遷**：由於氣候變遷的關係，過去多侷限在熱帶地區的蚊蟲傳染病開始在溫帶地區出現。臺灣的相關研究也指出，氣候轉變可能使埃及斑蚊的分布北移，並推測未來臺灣登革熱的高風險區域會擴大。想減少蚊蟲傳染病，關注氣候變遷與積極防蚊是目前可做的努力。

3. **大蚊**：你曾看過全長達 10 公分的大蚊子嗎？牠們是大蚊，屬於大蚊科，雖然長得像放大版的蚊子，但其實不吸血也不進食，只吸食水分。大蚊完全無害，不會叮人。下次如果看到超巨大的蚊子，請放過牠們，不要撲殺，牠們不會對你造成危害。

延伸思考

1. 文章裡有「臺灣常見的蚊子與疾病」，請你試著列出一個表格，選擇合適的項目整理文中提供的內容，製作「臺灣常見的蚊子」比較表。

2. 上網搜尋經由蚊子叮咬而傳播的疾病，選擇其中一種疾病，了解此疾病的症狀、治療方式以及如何預防。

3. 請上網搜尋「寶特瓶 DIY 捕蚊器」，選擇一個你認為最好的做法，試著製作一個捕蚊器放在家中適合的角落捕蚊。想一想，有沒有什麼做法可以增進這個捕蚊器捕蚊的效果？

4. 科學家利用基因工程技術，大量釋放不孕的雄蚊與會吸血的野外雌蚊交配，用來減低能夠傳染疾病的蚊子數量。請搜尋相關報導，了解贊成與反對釋放基因工程雄蚊的理由。想一想，你贊成釋放基因工程雄蚊嗎？為什麼？

科學少年 好書大家讀

數學也有實驗課？！
賴爸爸的數學實驗系列

賴以威
親筆教授

賴爸爸的的數學實驗：
15 堂趣味幾何課
定價 360 元

賴爸爸的的數學實驗：
12 堂生活數感課
定價 350 元

真相需要科學證據！
少年一推理事件簿系列

科學知識與邏輯思維訓練，
就交給推理故事吧！

少年一推理事件簿 1：再見青鳥．上
少年一推理事件簿 2：再見青鳥．下
少年一推理事件簿 3：是誰在說話．上
少年一推理事件簿 4：是誰在說話．下

每本定價 280 元

培養理科小孩
我的STEAM與美感遊戲書系列

動手讀的書，從遊戲和活動中建立聰明腦，
分科設計，S、T、E、A、M 面面俱到！

有注音！

每本定價 450 元

戰勝108課綱
科學閱讀素養系列

跨科學習 × 融入課綱 × 延伸評量
完勝會考、自主學習的最佳讀本

  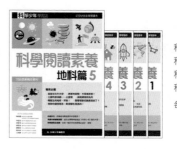

科學少年學習誌：
科學閱讀素養生物篇 1～5
科學閱讀素養理化篇 1～5
科學閱讀素養地科篇 1～5

每本定價 200 元

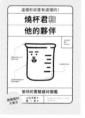

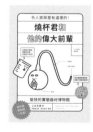

解答

用光說悄悄話──螢火蟲
1.② 2.④ 3.③ 4.① 5.③ 6.④ 7.③ 8.① 9.③ 10.② 11.④

要求正名！──我們不是恐龍
1.① 2.③ 3.① 4.④ 5.② 6.② 7.③ 8.② 9.①

食物釀起來──發酵
1.① 2.② 3.④ 4.① 5.③ 6.② 7.③ 8.④ 9.① 10.③

「鹿」死誰手？
1.① 2.③ 3.② 4.④ 5.④ 6.① 7.④ 8.① 9.④ 10.① 11.②

海裡的魔術師──章魚
1.③ 2.④ 3.① 4.② 5.③ 6.④ 7.④ 8.③ 9.①

食物別「碳」氣
1.④ 2.③ 3.② 4.① 5.④ 6.① 7.② 8.③ 9.② 10.④

啪啪啪！夏日「揍鳴曲」──蚊子
1.④ 2.③ 3.① 4.② 5.③ 6.① 7.④ 8.③

科學少年學習誌
科學閱讀素養◆生物篇6

編著／科學少年編輯部
封面設計暨美術編輯／趙瓅
責任編輯／科學少年編輯部、姚芳慈（特約）
特約行銷企劃／張家綺
科學少年總編輯／陳雅茜

封面圖源／Shutterstock

發行人／王榮文
出版發行／遠流出版事業股份有限公司
地址／臺北市中山北路一段 11 號 13 樓
電話／ 02-2571-0297　傳真／ 02-2571-0197
郵撥／ 0189456-1
遠流博識網／ www.ylib.com　電子信箱／ ylib@ylib.com
ISBN ／ 978-957-32-9762-8
2022 年 10 月 1 日初版

定價・新臺幣 200 元

國家圖書館出版品預行編目

科學少年學習誌：科學閱讀素養, 生物篇6/
科學少年編輯部編著. -- 初版. -- 臺北市：遠流
出版事業股份有限公司, 2022.10
　面；21×28公分.
ISBN 978-957-32-9762-8（平裝）
1.科學 2.青少年讀物
308　　　　　　　　　　　111014162

★本書為《科學閱讀素養生物篇：夏日激戰登革熱》更新改版，部分內容重複。